Sabine Hübner

Serviceglück

**Mit magischen Momenten
mitten ins Kundenherz**

**Campus Verlag
Frankfurt/New York**

ISBN 978-3-593-50710-1 Print
ISBN 978-3-593-43576-3 E-Book (PDF)
ISBN 978-3-593-43597-8 E-Book (EPUB)

Copyright © 2017 Campus Verlag GmbH, Frankfurt am Main
Umschlaggestaltung: total italic, Thierry Wijnberg, Amsterdam/Berlin
Umschlagmotiv: Shutterstock/DeiMosz
Satz: Publikations Atelier, Dreieich
Gesetzt aus der Calibri, Daniel, Montserrat
Druck und Bindung: Beltz Bad Langensalza
Printed in Germany

www.campus.de

INHALT

SERVICEGLÜCK FÜR ALLE!

Seit fast zwei Dekaden setze ich mich leidenschaftlich für begeisternden, glücksbringenden, für wunderbaren Service ein. Ich liebe Serviceüberraschungen, die den Menschen ein WOW aufs Gesicht zaubern, die ihr Herz öffnen und ihnen einen unvergesslichen Moment bereiten. Zugegeben: Der Einsatz für solche Momente kann frustrierend sein. Wie oft begegnen wir schlecht gelaunten und noch schlechter geschulten Servicemitarbeitern? Wie oft werden Serviceprozesse in Unternehmen nicht konsequent durchdacht und erst recht nicht konsequent umgesetzt? Eben.

Umso mehr hat mich die Begegnung mit einer authentischen, leidenschaftlichen, einer im Wortsinne erstklassigen Servicekraft begeistert: Heike Dorsch, als Erste-Klasse-Stewardess im ICE unterwegs auf dem Weg zwischen Norden und Süden und zurück. Sie ist für mich mich eine echte Servicefee. Genau die richtige, um ein Vorwort für mein Buch zu zaubern, dachte ich mir.

»Ein Vorwort für ein Service-Buch? Das schreiben doch immer die Großkopferten, fragen Sie lieber die!«, konterte sie gleich, als wir uns bei einem Serviceprojekt der Deutschen Bahn kennenlernten. »Na gut, Sie dürfen mich interviewen«, versuchte sie, meinen Herzenswunsch doch zu erfüllen und erklärte gleich, was sie an ihrem Traumjob so traumhaft findet: »Ich reise leidenschaftlich gern. Und ich arbeite leidenschaftlich gern in direktem Kontakt mit Gästen. Jeder Tag an Bord ist ähnlich und doch wieder ganz anders: Morgens früh fahren viele Pendler. Gut gelaunt, fein parfümiert, meist ein wenig angespannt vor ihrem Arbeitstag. Da macht es mir Spaß, auf meine eigene Weise gute Laune zu verbreiten.«

»Was ist denn Ihre eigene Weise?«, möchte ich wissen. »Ich scherze mit den Gästen und lasse meiner schlagfertigen Art freien Lauf. Schon früh um 7 Uhr: ›Der Herr, ich würde Ihnen heute eine Cola empfehlen, unsere Kaffeemaschine hat's gerade zerlegt!‹ Wenn ich so komme, sind die Gäste zur Not auch ohne Morgenkaffee glücklich.«

»Wie geht der Tag nach dem Morgenkaffee weiter?«, frage ich. »Dann ist entspanntes Reisen angesagt. Auch wenn gerade niemand etwas bestellen möchte, bleibe ich präsent. Immer ansprechbar. Das kommt gut an, und viele erkennen mich bei ihren Reisen wieder«, lacht Heike Dorsch. »Vielleicht liegt das an meiner ungewöhnlichen Stimme, an meinem fränkischen Dialekt und an meiner grenzenlos guten Laune! Ich lebe First-Class-Service auf meine Art: Ein bisschen weniger zugeknöpft, ein bisschen mehr Rock 'n' Roll. Die Gäste lieben das.«

»Und was lieben Sie im Kontakt mit den Gästen?«, möchte ich wissen. »Wenn sie mir zum Dank auf die Schulter klopfen. Und noch mehr, wenn sie sich am Abend auch mal ausschütten vor Lachen. Manchmal halte ich inne und staune, dass ich den ganzen Tag mit so vielen spannenden Gästen plaudern, durch schöne Landschaften reisen, abends manchmal sogar in Amsterdam ausgehen kann – und dafür auch noch ein Gehalt bekomme.«

Wir hatten Heike Dorsch im Rahmen der Deutsche-Bahn-Initiative »Arbeitswelten 4.0« für das Projekt »Gastgeber der Zukunft« ausgewählt. Sie möchte sich als einzelne Service-Mitarbeiterin aber keinesfalls im Vordergrund sehen: »Wirklich zufrieden bin ich aber nur dann mit einem Servicetag, wenn wir als Team gut zusammengearbeitet haben: Immer präsent im richtigen Moment, nie festgefahren. Das spiegelt sich direkt in der guten Stimmung an Bord wider.«

»Und wenn Sie einen Wunsch bei der Servicefee frei hätten? Was würden Sie sich wünschen?« Heike Dorsch überlegt eine Sekunde. »Dass sich immer mehr Kolleginnen und Kollegen von einem frischen Service-Spirit begeistern lassen. Nicht nur bei der Deutschen Bahn. Überall! Letztendlich tun wir damit etwas für uns selbst: Es trägt zu einem wundervollen Leben bei, wenn man jeden Tag genau das tut, was man gerne tut.«

Das ist der springende Punkt. Gelungene Servicemomente machen alle glücklich – Kunden *und* Mitarbeiter. Genau deshalb gibt es dieses Buch. Es ist gedacht für Sie und für alle, die auf der Suche sind nach Serviceglück.

Ich wünsche Ihnen eine beglückende Lektüre!

Ihre

und mit den allerbesten Grüßen von Heike Dorsch

SCHÖN, DASS SIE DA SIND!

Es gibt da diesen Unterschied. Sie kennen ihn und Sie spüren ihn. Er ist da, sobald Sie einen Kaffee bestellen. Er ist da, sobald Sie den Technikexperten an der Strippe haben, der Ihre Maschine wieder flott machen soll. Und er ist da, wenn Sie die neue Zahnarztpraxis das erste Mal betreten. Sie rechnen mit diesem Unterschied, und doch denken Sie über ihn höchstens dann nach, wenn Sie gerade sehr viel Humor aufbringen. Es ist dieser:

Entweder Sie werden als Mensch empfangen mit einem freundlichen, warmen, herzlichen Blick. Ein Mitarbeiter hört Ihnen aufmerksam zu, versteht Ihr Anliegen, berät Sie kompetent, macht etwas Schwieriges für Sie möglich, geht für Sie gerne eine Extrameile oder hat vielleicht sogar eine kleine Serviceüberraschung vorbereitet – zaubert einen magischen Moment und trifft damit direkt in Ihr Kundenherz.

Oder Sie werden als Vorgang erkannt und professionell, kühl, vor allem aber effektiv abgefertigt. Ohne nur einmal gespürt zu haben, dass Sie es bei Ihrem Gegenüber mit einem Menschen zu tun haben.

Es hätte auch ein Roboter sein können. Jeder von Ihnen hat so etwas schon einmal erlebt. Ich auch:

Mein Flugzeug steht auf einer Außenposition. Ich steige mit vielen anderen Reisenden und noch mehr Gepäck in einen Bus ein, um mich über das Rollfeld kutschieren zu lassen. Drinnen stehe ich mit meinem Köfferchen recht warm und gemütlich, um nicht zu sagen, einge-quetscht. »Du kannst schon mal mit der ersten Fuhre losfahren«, sagt der Mitarbeiter der Bodencrew zum Busfahrer. »Gute Idee«, denke ich erlöst. »Och, da passen schon noch ein paar rein«, höre ich von vorne. »Du meinst, wir sollen sie alle reinstopfen?«, versichert sich der Mitar-beiter der Bodencrew. »Ja!«, tönt der Fahrer. »Okay«, so der Mitarbei-ter, »dann stopfen wir sie alle rein.«

Was soll ich dazu noch sagen? Ich werde effektiv verfrachtet. In diesem Moment bin ich selbst so etwas wie ein Koffer. Kein wirklich schönes Gefühl. Und kein Ein-zelfall. Ich habe auch schon andere Varianten erlebt:

Ich übernachte in einem gehobenen Vier-Sterne-Hotel, der vom Kun-den bereits gezahlte Zimmerpreis (240 Euro) versteht sich inklusive Frühstück. Nun frühstücke ich grundsätzlich auf dem Zimmer, und zwar einen Cappuccino und einen Fruchtsalat. Ganz einfach, eigent-lich. Als ich den Beleg (17,50 Euro) unterschreibe, merke ich an, dass mein Frühstück bereits gezahlt sei, ich aber selbstverständlich die Roomservicegebühr (5,50 Euro) übernehme. »Das geht nicht, weil das in zwei verschiedenen Systemen gebucht wird«, erklärt mir die Mitar-beiterin. »Könnten Sie dann bitte das Zimmer auf Übernachtung ohne

Frühstück umbuchen?« frage ich. So müsste mein Kunde das von mir gar nicht beanspruchte Frühstück (27 Euro) nicht bezahlen. »Das geht nicht wegen der zwei Systeme«, kommt die knappe Antwort. Ergebnis: Mein kleiner Cappuccino und der einfache Fruchtsalat summieren sich auf 44,50 Euro.

Tja: Ich werde optimal abgerechnet. In diesem Moment bin ich eine gefüllte Geldbörse. Auch kein schönes Gefühl.

Wenn Mitarbeiter ihren Kunden von einem menschlichen Wesen zu einem bürokratischen Vorgang degradieren, ist dies nicht einmal zwingend »böse« gemeint. Die Ursache liegt oft im System: Tatsächlich sind viele Mitarbeiter eingekeilt in bürokratische Abläufe, die nicht nur unflexibel sind, sondern kompliziert und im schlimmsten Fall vollkommen dämlich. Das gilt für den Kontakt zum Geschäftskunden genauso wie im Kontakt zum Endkunden. Wobei ich mich ohnehin frage, warum wir von »End«-Kunde sprechen. Weil er nach unserem Service »am Ende« ist?

Jedenfalls müssen viele Mitarbeiter in der Regel unter Zeitdruck an tausend Dinge gleichzeitig denken und sind froh, wenn sich Kunden überhaupt durch die Prozesse schieben lassen. Für herzliche Menschlichkeit und gesunden Menschenverstand bleibt da kein Platz. Dabei kommt es genau darauf an. Ich sage:

EMOTIONEN SIND DIE WAHREN ENTSCHEIDER.

Zum Glück gibt es sie, die Perlen, die Auswege aus dem täglichen Ritt durch Absurdistan finden. Die noch in der größten Hektik ein freundliches Lächeln auf die Lippen zaubern können. Die Blicke fangen, wo immer es geht. Es sind diese Blicke, die die Atmosphäre eines Hauses prägen. Nicht die Abläufe. Nicht die Inneneinrichtung. Nicht die Corporate-Kleidung. Es ist die Kunst dieser Mitarbeiter, menschliche Momente zu zaubern, die letztendlich zu Hunderten von »likes« auf Social-Media-Plattformen führen. Mich machen solche Serviceperlen glücklich:

Die freundliche Dame bei der Stadtverwaltung, die mir spontan 10 Cent aus der Kaffeekasse schenkt, als ich nur 5,90 Euro Kleingeld für den Passbildautomaten bei mir habe, der Automat aber partout abgezählte 6 Euro von mir will.

Der nette, junge Mann am Servicecounter eines großen Selbstbau-Möbelhauses, der meiner Mitarbeiterin und mir spontan seinen geheimen Vorrat Süßigkeiten schenkt, als wir nach gefühlten 17 Stunden Aussuchen, Abwägen und Nachmessen kurz vor der Unterzucker-Ohnmacht stehen. Wer meinen Blog liest, erinnert sich an das Stichwort »Giotto«.[*]

Der Fahrer eines öffentlichen Verkehrsmittels, der bei einer Durchsage von seinen vorgestanzten Phrasen abweicht, formal in breitesten Dialekt und inhaltlich in völligen Unfug wechselt, um seine genervten Pendler zum Lachen zu bringen: »Und jetzt wünschen wir Ihnen eine angenehme Weiterreise, nein, eine ganze Weltreise.«

---

[*] http://sabinehuebner.de/service-blog/kann-man-empathie-lernen-die-gretchenfrage-sachen-service/

Diese Mitarbeiterinnen und Mitarbeiter sind meine ganz persönlichen Helden. Es gibt Tausende von ihnen in diesem Land. Sie reiben sich jeden Tag auf, weil ihnen ihre Kunden am Herzen liegen. Sie sind offen, achtsam, einfühlsam. Dafür werden sie geliebt, und darum kommen die Kunden wieder.

Leider bleibt das, was sie leisten, oft verborgen. Es wird vom Management nicht erkannt und nicht honoriert. Im Extremfall gilt es sogar als unprofessionell. Warum? Die Arbeit in definierten Abläufen ist kontrollierbar, messbar. Die Arbeit mit der Magie des Moments aber lässt sich mit herkömmlichen Management-Tools schwer abbilden. Dabei führt nur sie zu echter Kundenbindung und damit zu besseren Ergebnissen.

Service: klingt nach *soft* und *nice to have*. Ist aber einer der stärksten *hard facts* in Sachen Umsatz. Ein absolutes *must have*. Verschiedene Studien zeigen:

- 65 Prozent der Kunden wechseln aufgrund miesen Services.
- Etwa 50 Prozent ihres Gewinns erzielen Fertigungsunternehmen durch Servicegeschäfte.
- Investitionen in die Kundenzufriedenheit bringen bis zu viermal mehr Ertrag zurück.

SERVICE IST BEIDES: HERZENSTHEMA UND KNALLHARTER ERFOLGSFAKTOR.

Die gelebte Servicekultur ist die Summe der Geschichten, die sich Menschen – Mitarbeiter genauso wie Kunden – über ein Unternehmen erzählen. Jede Begegnung, jeder Prozess schreibt am Ende immer eine Geschichte. Und jede Geschichte, jedes Erlebnis zahlt auf den Markenwert eines Unternehmens ein. Entscheidend nach jedem Kontakt mit einem Unternehmen sind deshalb folgende Fragen:

- Haben wir jetzt überhaupt etwas zu erzählen?
- Wenn ja: Welche Geschichte genau wollen wir erzählen?
- Und wem erzählen wir diese Geschichte?

Dieses Buch erzählt Serviceglück-Geschichten und auch etliche Servicekatastrophen-Geschichten, weil wir aus ihnen sehr viel lernen. Geschichten bringen uns zum Schmunzeln und Ärgern. Sie regen uns zum Nachdenken an und erweitern unseren Horizont. Vielleicht stoßen sie auch positive Veränderungen an. Und genau darum geht es mir:

Dieses Buch ist ein Plädoyer für mehr echte, für mehr herzliche Augenblicke im Service. Öffnen wir die engstirnigen Prozesse für mehr Menschlichkeit. Feiern wir das Momentum, den magischen Augenblick im Umgang mit dem wichtigsten, was Unternehmen überhaupt haben können: Kunden. Wenn das gelingt, kommen sie gerne wieder. Und es passiert noch mehr: Wenn sie endlich dürfen, können unsere Mitarbeiterinnen und Mitarbeiter im Job auch in die Rollen schlüpfen, die sie am liebsten einnehmen:

- Lieblingskunden-Überrascher
- Serviceglücksfee

- Magic-Moment-Master
- Superservice-Heldin
- Lösungstüftel-Profi
- Apropos ... Was sind Sie denn am liebsten?

Dieses Buch ist ein Experiment. Ich möchte darin mit Ihnen zusammen zum ersten Mal erleben, was passiert, wenn man Service mit Glück zusammenbringt. Nicht nur »zusammendenkt«, wie es die Wissenschaftler immer sagen, sondern ganz konkret: in der Praxis unter einen Hut bringt. Damit Serviceglück herausspringt!

Dazu schauen wir uns an, warum Service so oft ungebremst an die Wand fährt (Kapitel 1), warum Serviceglück insgesamt so selten ist (Kapitel 2) und was Serviceglück eigentlich mit Drama und mit Helden zu tun hat (Kapitel 3). Darauf aufbauend verrate ich Ihnen gern, wie Sie im Service und mit Service magische Momente zaubern können (Kapitel 4) und mit welchen einfachen und sehr wirksamen Mitteln jeder Mitarbeiter zum Serviceglücksbringer werden kann (Kapitel 5).

Ich wünsche Ihnen eine ermutigende, inspirierende, überraschende und hilfreiche Lektüre! Und ich freue mich auf Ihr Feedback! Schreiben Sie mir gerne persönlich an serviceglueck@sabinehuebner.de, ich freue mich auf Sie!

1_SERVICE GLÜCKT.
ODER FÄHRT VOLL
AN DIE WAND ...

KONTAKTPUNKTE: SCHÖNE IDEE. EIGENTLICH.

Es war wirklich eine gute Idee. Eine Idee, die vielen Unternehmen zu viel besserem Service verholfen hat: die Idee, die Berührungspunkte zwischen Kunde und Unternehmen systematisch zu analysieren, zu optimieren, festzuzurren. Es gibt tatsächlich viele Unternehmen, die die Sache mit den Kundenkontaktpunkten – auch bekannt als »Touchpoint-Management« – richtig gut gemacht haben. Es war ein Schritt in die richtige Richtung.

Mit dem Begriff »Touchpoints« haben ursprünglich Theologen und Pädagogen gearbeitet: Erstere erklärten damit die Berührungspunkte zwischen Mensch und Gott, letztere die Berührungspunkte zwischen Eltern und Kind. Da ging es um Erleuchtung, um Entwicklung – die ganz großen Fragen des Lebens. Dann tauchte das Wort als Titel eines Fachmagazins für Servicedesign auf, kurz darauf als Buchtitel in den Bestsellerlisten und als Werkzeug für Unternehmenslenker.

Heute zählt Touchpoint-Management – auch etwas sperrig *Kundenkontaktpunkt-Management* genannt – zur etablierten Liste der Werkzeuge, mit denen Unternehmer ihre Firmen führen. Ziel ist, dass dem »Kunden an jedem Kontaktpunkt eine mindestens zufriedenstellende Erfahrung geboten wird, ohne dabei die Prozesseffizienz aus dem Auge zu verlieren.« So erklärt es Wikipedia. Kundenkontaktpunkt-Management sei als »multidisziplinärer strategischer Ansatz zu verstehen, der in allen internen und marktorientierten Managementbereichen die Optimierung der Performance verfolgt.« Immer mit dem Blick darauf, dass die Marke vom Kunden – ganz gleich, aus welchem Winkel und durch welches Medium er ein Produkt zu Gesicht bekommt – als konsistent erlebt wird.

Einverstanden: Natürlich müssen wir wissen, wo wir mit dem Kunden in Kontakt kommen und wie wir diesen Kontakt gestalten wollen, um eine sinnvolle Effizienz und ein bleibendes Erlebnis zu schaffen.

Aber, und das klingt durch die sperrigen Wikipedia-Formulierungen auch schon deutlich durch: Gerade hier in Deutschland stelle ich einen gewissen Hang zur Bürokratie fest, wenn es um Serviceprozesse geht. Als Österreicherin darf ich das sagen, und ich sage auch gleich, dass es in Österreich keinen Deut besser aussieht. Was wird da nicht alles festgeschrieben: penibel zugeteilte Zuständigkeiten, kleinliche Minuten- und Centbudgets für Selbstverständlichkeiten.

Eigentlich soll so Chaos und Verschwendung vermieden werden, tatsächlich aber entsteht gerade dadurch oft eine Absurdität, die beim Kunden vor allem zu Verschwendung von Zeit, Kraft, Nerven führt und gelegentlich auch zum Verlust von Kopfbedeckungen, wie das folgende Beispiel zeigt:

Eine Freundin hatte ihre Kappe in der Umkleidekabine eines großen Sportstudios liegen lassen. Kann ja passieren. Sie ruft dort an, um

zu fragen, ob sie zurückgelegt werden könnte. Es meldet sich die gut eingearbeitete Mitarbeiterin: »Ich sitze hier am Empfang und kann vom Telefon nicht weg und Kappen suchen. In einer Stunde kommt das Housekeeping, die sehen nach. Ruf dann bitte wieder an.«

Prozessrichtlinie erfüllt – Kundin enttäuscht. Wir leben doch nicht mehr im Zeitalter der wandmontierten Fernsprechapparate mit knapp bemessenem Ringelkabel! Man könnte doch mal eben, mit dem Hörer am Ohr, fünf Meter um die Ecke laufen, eine Tür öffnen und einen Blick in die Kabine werfen, oder?

Bürokratisches Denken lässt sich mit Kundenorientierung schlicht und ergreifend nicht vereinbaren. Besonders absurd wird es, wenn derartige Prozesse penibel aufgesetzt, dann aber nicht zu Ende gedacht werden. So etwas kommt gerne ausgerechnet bei den Banken vor, die sich eine größere Kundennähe auf die Fahnen geschrieben haben.

Da ruft zum Beispiel Ihre Beraterin an und bittet um Rückruf unter einer bestimmten Nummer. Sie sind so freundlich und rufen zurück: »Sie haben um meinen Anruf gebeten? Worum geht es denn?« Ein Kollege antwortet: »Oh, das weiß ich auch nicht. Ich frage nach.« Pause. »Ich habe es herausgefunden, wir wollten einen Termin mit Ihnen vereinbaren.« »Ach so. Und worum soll es in diesem Termin gehen?« »Das tut mir leid, das weiß ich nicht. Meine Kollegin spricht gerade, ich kann sie nicht fragen.« »Dann rufen Sie mich gerne an, wenn Sie es wieder wissen.« Es ruft aber nie mehr jemand an.

Wie gesagt: Kundenkontaktpunkt-Management ist ein guter Anfang. Es lässt sich aber nur dann in Serviceglück übersetzen, wenn Empathie schon im Prozess des Servicedesigns eine Rolle spielen darf. Was sind die Bedürfnisse und Träume, die Antreiber und Probleme der Kunden? Nur wer sich da einfühlen kann, der kann überhaupt einen ersten, sinnvollen Schritt im Servicedesign gehen, Konzepte ableiten, Servicedesign-Prototypen entwickeln und schließlich funktionierende Services am Markt positionieren.

Das Servicedesign definiert das WAS. Wirklich magische Augenblicke zaubern Mitarbeiter immer auf der Grundlage eines exzellenten Servicedesigns. **Im nächsten Schritt kommt das WIE.** Wie genau gelingt es den Mitarbeitern, Resonanz zum Kunden herzustellen? Seine Bedürfnisse zu erkennen? Ihn zu überraschen? Mehr noch: ihn zu verzaubern? **Es ist das WIE, das das WAS veredelt.** Leider ist es häufig auch das WIE – ein miserables Serviceverhalten –, das ein eigentlich gut durchdachtes WAS – ein smartes Servicedesign – komplett zunichtemachen kann. Deshalb möchte ich in diesem Buch an dieser Stelle in die Tiefe gehen und weiter fragen:

- Was genau passiert in einem Servicemoment?
- Welchem Skript folgt der Mitarbeiter? Passt das überhaupt? Lässt es ihm Luft für eigene Akzente? Oder engt es ihn komplett ein?
- Wie viel Zeit steht ihm für jeden Servicemoment zur Verfügung? Steht er permanent unter Zeitdruck? Oder hat er die Freiheit, seinem Kunden auch einmal richtig viel Zeit zu schenken, wenn es darauf ankommt?

Wir schauen uns jetzt diese drei typischen Momente an, in denen Service an die Wand fährt. Voll an die Wand,

- weil es vorne und hinten an Zeit für den Kunden mangelt, niemand »zeitnah« auf den Kunden reagiert und schlimmstenfalls gar keiner kommt,
- weil das Servicesystem des Unternehmens entweder nicht funktioniert oder den eigenen Mitarbeitern rätselhaft bleibt,
- weil jeder Kundenkontaktpunkt mechanisch gedacht und dabei das Wichtigste vergessen wird: Empathie. Begegnungsqualität!

SERVICE HEISST: JEMAND KOMMT UND HILFT

Die Kapauku auf Papua sind davon überzeugt, dass es nicht gut ist, an zwei aufeinander folgenden Tagen zu arbeiten. Also tun sie an einem Tag etwas, am nächsten Tag setzen sie sich lieber mal hin. Die perfekte Work-Life-Balance! Nur ärgerlich, wenn Mitarbeiter dieses Modell auch hierzulande in ihren Unternehmen lustig ausleben, ohne das dem Kunden mitzuteilen. Ich weiß nicht, wie es Ihnen ergeht – aber ich habe es schon mehr als einmal erlebt, dass ein angekündigter Servicetechniker einfach so NICHT kommt. Ohne Absage.

Vor einiger Zeit wollte ich meinen Internetanschluss zu Hause erweitern. Ich vereinbare also einen Termin für eine persönliche Identifizierung. Prompt ereilt mich eine E-Mail-Bestätigung: »... herzlichen Dank, dass Sie die DE-Mail beauftragt haben. Gerne geben wir Ihnen ausführliche Informationen, wie es weitergeht. (...) Ein autorisierter Mitarbeiter wird Sie am 19.5.2015 zwischen 18 und 21 Uhr an der vereinbarten Adresse persönlich aufsuchen. Damit die Identifizierung erfolgreich verläuft, halten Sie bitte zu diesem Termin Folgendes bereit: Ihren gültigen Personalausweis in Verbindung mit einer aktuellen Meldebestätigung (nicht älter als drei Monate).«

Ich liebe es durchaus nicht, wenn ich meine Zeit investieren soll, um irgendwelche Bescheinigungen von Ämtern in Städten zu besorgen. Aber es hilft ja nichts … Und so dackele ich zum Düsseldorfer Bürgeramt, das Gott sei Dank zu den sehr gut organisierten Bürgerämtern des Landes gehört. 45 Minuten mit An- und Abfahrt dauert es trotzdem. Ich liebe es auch nicht, wenn ich meinen wöchentlichen Fitnesstermin für einen bürokratischen Termin opfern muss, von dessen Notwendigkeit ich nicht überzeugt bin. Hier beiße ich in den sauren Apfel in der Vermutung, mit einer »besseren« E-Mail-Adresse für meine Kunden auch besseren Service leisten zu können.

Am Dienstag sitze ich also pünktlich um 18 Uhr an meinem Schreibtisch zu Hause. In meinen Fitnessklamotten. Die Unterlagen fein säuberlich vor mir aufgestapelt. Und warte. Warte auf den autorisierten Mitarbeiter. Bis 19 Uhr. Bis 20 Uhr. Bis 21 Uhr. Zur Sicherheit bis 22 Uhr. Aber er kommt nicht. Er ruft auch nicht an. Er schreibt auch keine SMS und auch keine E-Mail. Es war wie Warten auf Godot. Nur, dass ich nicht einmal jemanden zum Plaudern hatte.

Mancher Vorgang erfordert die Anwesenheit des Kunden. Einverstanden. Es müsste Unternehmen dann auch klar sein, dass in einem solchen Fall auch die Anwesenheit des Mitarbeiters erforderlich ist. Selbst dann, wenn der am Tag zuvor auch schon gearbeitet hat!

Nicht falsch verstehen: Ich unterstelle niemandem Faulheit. Aber wenn der Zeitdruck bekanntermaßen so hoch ist, dass Termine regelmäßig NICHT gehalten werden können, dann sollte das Servicskript bitteschön eine Information des Kunden darüber vorsehen, dass keiner kommt. Oder, besser noch: Das Skript sollte komplett neu geschrieben werden.

Sag mir, wo die Mitarbeiter sind …

Jeder abwesende Mitarbeiter ist eine verpasste Serviceglück-Gelegenheit: Im persönlichen Kontakt hätte so eine große Chance für Sympathie gesteckt – umso wichtiger für Unternehmen einer Branche, die immer weniger persönlich und zunehmend beliebig wird. Service ist Kommunikation und Kommunikation ist Service. Vor allem und ganz besonders für ein Kommunikationsunternehmen. Wie wichtig das Thema Kommunikation im Service ist, habe ich ausführlich dargestellt in meinem Buch *Tue dem Kunden Gutes und rede darüber! Mehr Erfolg durch die richtige Servicekommunikation* (2012), das in den vergangenen Jahren noch an Aktualität gewonnen hat.

Bei einem Anbieter von Haushaltsgeräten sieht es nicht viel besser aus: Ein für defekte Wäschetrockner zuständiges Serviceunternehmen – Kooperationspartner eines durchaus bekannten Markenherstellers – teilt zum Beispiel gleich beim ersten Telefongespräch mit, was zu tun ist, wenn der Servicetechniker nicht kommt. Erstens: überhaupt nicht kommt. Oder, zweitens: nach dem ersten Termin mit dem versprochenen Ersatzteil nicht wiederkommt. »Nach vier Wochen Nicht-Kommen«, so der freundliche Mitarbeiter an der Hotline, »hat der Kunde Anspruch auf ein neues Gerät.« Schön! Aber: nach vier (!) Wochen?

Vor allem in der Gastronomie kommt es darauf an, dass schnell jemand kommt. Für 93 Prozent aller Gäste ist schneller Service entscheidend, zeigt eine aktuelle Studie von

Orderbird, einem Anbieter von Kassensystemen für Cafés und Restaurants. 30 Minuten Warten auf die Bestellung sind das Maximum, das 54 Prozent aller Befragten akzeptieren – ausgenommen sind Essen in der Mittagspause. Die müssen schneller auf dem Tisch stehen. Alles in allem empfinde ich das schon als sehr geduldig.

Dass schnell jemand kommt, heißt im digitalen Zeitalter: Ein Mitarbeiter wird via Nachricht auf meinem Smartphone präsent. Jetzt schon verschicken Kunden über eine Milliarde Nachrichten pro Monat (!) über den Facebook Messenger direkt an Unternehmen, um Fragen zu stellen (35 Prozent), um Feedback zu geben (30 Prozent) und vor allem um Produktfotos zu teilen (39 Prozent).

Abbildung 1: Der Facebook Messenger als Kundenkontaktpunkt

Dieser hohe Bedarf an persönlichem Kontakt mit Unternehmen kann in vielen Fällen von den Mitarbeitern gar nicht bewältigt werden – ein Grund, warum automatisch und *sofort* antwortende Programme – *Messenger Bots* – immer weiter entwickelt werden. Bei *eBay* erklärt ein solcher Bot zum Beispiel ganz freundlich, wie er selbst funktioniert und sendet personalisierte Produktempfehlungen. Und beim US-Wetterdienst *Hi Poncho* schickt eine Katze im Regenmantel witzig kommentierte Wetternachrichten: *»Hair Forecast: In this weather, you don't need a perm. But then again, no one ever needs a perm.«* Neben einer kostenlosen Dauerwellenberatung (»perm«) bietet Poncho auch Antworten auf persönliche Anfragen – alles über Facebook Messenger. Und alles sofort.

Halten wir an dieser Stelle fest:

Serviceglücksbringer Nummer 1 ist

Zeit.

SERVICE HEISST: JEMAND WEISS, WIE'S GEHT

Nach dem Faktor Zeit steht die Qualität der internen Prozesse – sprich: das Serviceskript eines Unternehmens – als nächster Punkt auf der Liste der Auslöser von Serviceglück oder Servicekatastrophen.

Kluge Prozesse machen traumhaften Service erst möglich. Ein Paradebeispiel im Großformat stellt hier sicherlich das Vielfliegerprogramm »Miles & More« dar, das mehr als 19 Millionen Teilnehmer permanent im Blick hat. Hier gibt es ein einheitliches und durchdachtes Prozessmanagement für alle Servicevorgänge, das geringe Durchlaufzeiten bei hoher Qualität garantiert. Und das alle Dokumente und Vorgänge sauber dokumentiert, sodass selten ein Kunde auf der Strecke bleibt. Dass einige Vielflieger den Eindruck haben, das gut organisierte Programm laufe durch ein zu geringes Kontingent an »Meilenflügen« häufig ins Leere, steht auf einem anderen Blatt ...

Ein zweites Vorführunternehmen in Sachen Service ist die Autovermietung Avis, die mehrfach für ihre exzellente Servicequalität ausgezeichnet wurde. Die ServiceRating GmbH, eine Agentur zur Bewertung von Servicequalität in Deutschland, lobte die Qualität des persönlichen Kontakts zu Kunden und Mitarbeitern. Außerdem die zahlreichen Servicewege zum gewünschten Auto über Apps und Webseiten, über

Selbstbedienungsautomaten und Lieferservices und nicht zuletzt die Erfüllung von Kundenwünschen in Sachen Kommunikation (ja: mit Social Media) und in Sachen Kreativität: Avis-Kunden durften sogar ihren Lieblingsmietwagen mitgestalten.

Man muss aber nicht Lufthansa oder Avis heißen und man braucht auch keine millionenschwere IT-Lösung, um mit klugen Prozessen Kunden glücklich zu machen. Es geht auch ganz einfach. Zum Beispiel mit einem Zimmernummer-Anstecker auf dem Bademantel. Aus eigener Erfahrung kann ich Ihnen sagen: Ein solcher Anstecker kann einige Peinlichkeit ersparen:

In einem Urlaub im Kempinski Hotel in Belek schlummere ich nach der Sauna ganz entspannt im Ruheraum, als ich plötzlich bemerke, dass mein guter Freund Hansel mit seiner Frau in hellster Aufregung durch den weitläufigen Wellnessbereich huscht. Offenbar vermissen die beiden etwas Wichtiges. Sie durchsuchen alle Ecken. Und alle Gäste. Hansel vermisst seinen Bademantel und seine Uhr, und noch viel existenzieller: seine Brille! Schnell biete ich an, bei der Suche zu helfen, da zeigt Hansel mit dem nackten Finger auf mich. Genauer: auf die Stelle auf meinem Bademantel, an der anders als sonst in diesem Hotel üblich KEINE ZIMMERNUMMER angesteckt war. Und siehe da: Ich selbst hatte die ganze Zeit seelenruhig in Hansels Bademantel geschlummert, während mein eigener verlassen am Haken hängengeblieben war.

Die Tücke der Serviceprozesse steckt im Detail! Und die Zimmernummer auf dem Bademantel *ist* ein relevantes Detail.

Intelligente Serviceprozesse zeichnen sich übrigens dadurch aus, dass sie zu Ende gedacht und getestet sind – und dass sie gleichzeitig offen bleiben für »Unschärfen«. Bei allzu durchgestylten Serviceprozessen bleiben nämlich allzu viele Kunden in den Untiefen der Servicebürokratie hängen. Haben Sie schon einmal versucht, »außer der Reihe« zu antworten? Kürzlich erhielt ich eine pro-aktive E-Mail mit einem passendenden Angebot von meinem Systemhaus: »Sehr geehrte Frau Hübner, Ihr Virenschutz läuft aus. Dürfen wir Ihnen eine Verlängerung anbieten …« Ich antworte direttissimo: »Sehr gerne nehme ich das Angebot an. Was aber noch wichtiger wäre …« und beschreibe ein PC-Problem, das ich gerne gelöst hätte. Was folgte war: **NICHTS.** Keine Reaktion. Die Antwort passte nicht in das Schema »Virenschutz«.

Das gleiche in meinem Fitnessstudio: Ich erhielt eine Einladung zu einem Info-abend über eine Stoffwechselkur per E-Mail. Meine Antwort: »Danke, ich kann zu dem Abend leider nicht kommen, kenne mich aber schon ein wenig aus. Können Sie mir bitte Infos zu Ihrer Variante von Stoffwechselkur zumailen, ich interessiere mich dafür?« Was folgte war: NICHTS. Keine Reaktion. Die Antwort passte nicht in das Schema »Einladung«.

Das ist es, was passiert, wenn sich Kundenkontaktpunkt-Management in ein auto-matisiertes Bürokratiemonster verwandelt. Dieses Monster mag zwar wirklich schnell Standard-Mails beantworten können. Es zermalmt dabei nur leider viel Zu-satzgeschäft. Und das Serviceglück der Kunden gleich mit.

»Das geht doppelt nicht!«

Wenn Kunden erfolglos auf Mitarbeiter oder auch nur auf eine schnöde Antwort warten, ist die Enttäuschung groß. Zeitmanagement: ungenügend. In Zorn schlagen die Emotionen dann um, wenn endlich jemand kommt, der aber keine Ahnung hat. Der also die Prozesse im eigenen Unternehmen nicht kennt, der sein eigenes Serviceskript nie gesehen oder nicht verstanden hat.

Gut: Dass Kunden heute besser Bescheid wissen als je zuvor, ist eine Folge der zahlreich im Internet kursierenden Informationen. Ärzte wissen ein Lied davon zu singen: Sie haben täglich mit Patienten zu tun, die sich ihre komplette Diagnose schon im Vorfeld auf Wikipedia zusammengesucht haben. Aber auch Verkäufer in Technikmärkten: Sie haben praktisch keine Chance gegen einen passionierten Käufer, der die Produktblätter der Objekte seiner Begierde auswendig weiß. Doch ist es nicht zu viel verlangt, wenn Mitarbeiter sich zumindest mit den *basics* richtig auskennen und wissen, wo sie alles weitere finden. Zum Beispiel: als Postmitarbeiter mit den Kosten für Postsendungen. Folgende Geschichte hat Tina Holtz auf Facebook gepostet. Sie ist unfreiwillig so komisch, dass ich dafür kein lachendes »Sabinemoticon« vergebe und meine erste »Goldene Servicehimbeere« gleich dazu:

> *»Nur kurz aus´m Auto springen wollt´ ich vorhin, um dieses dämliche und längst überfällige Paket bei der Post abzugeben.*
> *Zu schwer ist es leider (wie so vieles im Leben), aber es macht ja nix, denke ich – alles hat seinen Preis, für den, der´s zu zahlen bereit ist.*
> *5 Euro für 680 Gramm Übergewicht, das ist ein verdammt guter Deal!*
> *Findet die Schalterdame leider nicht:*

»Des gääht ned, des hom´s foisch g´mocht. Des miassn´s obikratzn und nei frankiern.« – »Basst´scho, i zoi wos drauf – nachad hammas wieda.« – »Naa, des miassn´s wieda mit Hoam nemma, des guitt so ned.« – »Freili guitt des, des hob i ja scho efters so gmacht.« –

»Efters? Nachad guitt des *dopped ned.«*

Zwischenbemerkung: Auf diese Logik muss man erst einmal kommen.

Nach ein paar freundlichen Worten in meinem besten pianissimo dolce wiederhole ich mein Anliegen im gleichen Wortlaut auf Hochdeutsch. Doch statt endlich zu bekommen, was ich will, darf ich mir recht ungefällige Mutmaßungen über meine vermeintlich behäbige Auffassungsgabe sowie handfeste Schmähung anhören. (Zu Protokoll: Ich bin die Kundin. Nachtrag: mit Portemonnaie.)

Nach der von mir verabreichten Rosskur mit »jetzthörenSiemirganzgenauzuichwerdsnureinmalsagen« , schaumgeschlagenem Schachtelsatzgenitivakademikergehabe und unter Eindruck meiner rot funkelnden Augen geruht man endlich, zum Handbuch zu greifen und nachzulesen, was zu tun sei.

Zum Glück steht dort statt »Schrotflinte auf Kundin« etwas von »Nachzahlungsmarken drucken« und die Sache nimmt ihren geregelten Lauf. Endlich – nach einer gefühlten Ewigkeit von 23 Minuten kostbarer Lebenszeit. In der ich besser einen Parkschein gelöst hätte …

Mitarbeiter müssen wirklich nicht alles wissen – aber sie sollten den Moment erkennen, in dem sie sich kundig machen.

Mitdenken hilft

Je größer Unternehmen werden, desto mehr Prozesse werden standardisiert und automatisiert. Das ist richtig, denn das macht komplexe Abläufe in großem Stil überhaupt erst möglich. Je mehr aber Prozesse standardisiert und automatisiert werden, desto entscheidender wird die individuelle Mitarbeiterleistung im persönlichen Kontakt mit dem Kunden.

Hier gilt nicht nur: Wissen, wo man zum richtigen Zeitpunkt etwas nachschlägt. Sondern auch: Wissen, was der Kunde fragen *könnte* und sich rechtzeitig darauf vorbereiten. Als ich vor einiger Zeit nach einem passenden Headset suchte, hat es nur ein einziger Anbieter verstanden, mir gleich einen Vorschlag für empfehlenswerte Adapter mitzugeben. Natürlich habe ich diesen Adapter dann auch gleich dort bestellt. Mitdenken hilft!

KUNDENBEGEISTERUNG WIRD NICHT VON MARKEN GEMACHT. SONDERN VON MITARBEITERN.

Zum Mitdenken zählt das Nach-vorne-Denken: Antizipation. Sie kennen die Situation vielleicht auch: Sie kommen zu früh in einer für Sie fremden Stadt an, um einen Geschäftstermin wahrzunehmen. Um die Zeit zu überbrücken, parken Sie an einem Restaurant und trinken dort einen Kaffee. Es gefällt Ihnen dort so gut, dass Sie gerne einen Tisch fürs Abendessen bestellen möchten. Vorsichtshalber fragen Sie nach, ob Sie Ihr Auto für die kurze Zeit bis zum Abend auf dem Parkplatz stehen lassen können. Antwort: »Nein, Sie dürfen hier nur parken, während Sie sich im Restaurant aufhalten.« Und? Parken Sie um und kommen Sie am Abend wieder? Natürlich nicht.

Mitdenken heißt auch, Serviceprozesse nach Pannen sensibel anzupassen. Neulich habe ich in einem Hotel in Kassel übernachtet. Als ich um 21 Uhr einchecken wollte, offenbarte man mir, dass das Zimmer noch nicht fertig sei. Ehrlich gesagt: Auch der restliche Aufenthalt war alles andere als prickelnd. Der Gipfel kam zwei Tage später: Es erreichte mich eine E-Mail des Hotels mit einer »Einladung«, das Hotel auf HolidayCheck oder TripAdvisor zu bewerten. Ganz abgesehen davon, dass die Bewertung ohnehin nicht gut ausgefallen wäre, was das Hotel bei ein wenig Aufmerksamkeit durchaus hätte bemerken können, frage ich mich: Wer in aller Welt freut sich darüber, mit derartigen »Einladungen« behelligt zu werden!?

Wenn Denken nicht mehr hilft, dann hilft Nachfragen. Sonst kommt es zu Null-Bock-Service, wie ich ihn einmal erlebt habe:

> *Über Pfingsten checke ich mit 21 Freunden in einem Romantik-Golfhotel im Südsauerland ein. Jeder soll bei der Ankunft für das Abendmenü einen aus drei Hauptgängen wählen. Ich frage die Mitarbeiterin: »Schnitzel vom Maibock? Was ist denn das für ein Bock?« Ihre Antwort fiel knapp aus:*

 *»Na, ein Bock halt.«* Ich: »Naja, Hirschbock, Rehbock, Gamsbock, Ziegenbock, Schafsbock …?« Sie erwidert mit großen Augen: »Das weiß ich nicht.«

Ich entscheide mich für ein Blind Date mit dem unbekannten Bock. Später stellt sich heraus: Fast jeder Gast hatte die gleiche Frage gestellt. Offensichtlich war das aber nicht Grund genug für die Mitarbeiterin, sich in der Küche schlau zu machen. Oder ihre Wissenslücke unauffällig via Wikipedia aufzufüllen: Ein Maibock ist laut Wiki ein »Schmalreh«, also ein weibliches Reh im zweiten Lebensjahr.

Schade eigentlich, wenn Neugier, Interesse *und* intelligente Prozesse fehlen. Wie einfach wäre es, jeden Tag am Morgen einen Blick auf das Menü zu werfen und sich kurz mit dem jeweiligen Bock vertraut zu machen. Sonst wird aus der Bocklosigkeit an der Rezeption schnell auch null Bock auf Kundenseite. Halten wir also fest:

Serviceglücksbringer Nummer 2 ist das kluge

Servicesystem.

SERVICE HEISST: KUNDEN GLÜCKLICH MACHEN

Der Kunde von heute will ja nichts Unmögliches: Er wünscht sich, dass ein Mitarbeiter kommt und für ihn *Zeit* hat. Dass seine Arbeit sinnvoll organisiert ist, dass er also weiß, was er tut und Auskunft geben kann. Weil das *Servicesystem* funktioniert.

Dabei interessiert sich der Kunde herzlich wenig für das Kundenkontaktmanagementkonzept des Unternehmens. Er will gar nicht wissen, was sich Marketingabteilungen für ihn vorstellen, und er will auch nicht von outgesourcten Serviceabteilungen vertröstet werden. Er will, dass das Unternehmen und seine Mitarbeiterinnen und Mitarbeiter ihm informiert und persönlich auf Augenhöhe begegnen und ihm genau das liefern, was er sich wünscht – oder besser noch: gewünscht hätte, wenn er selbst darauf gekommen wäre. Er sucht Serviceglück. Und wenn es nur für einen kurzen Moment ist.

Und in diesem Augenblick kommt die dritte Zutat für Serviceglück ins Spiel: die Begegnungsqualität. Einfacher: dass Mitarbeiterinnen und Mitarbeiter herzlich sind, freundlich, offen, witzig, charmant, schlagfertig, zuvorkommend und … ungewöhnlich:

Bei einem Schweizer Mobilfunkanbieter drohte ein großer Key-Account verloren zu gehen. Die Ansprechpartnerin im Kundenunternehmen ist leidenschaftliche Reiterin und ihr Pferd hat gerade ein Fohlen bekommen. Das schnappt die Vertriebsmitarbeiterin ganz zufällig auf – und packt die Gelegenheit beim Schopfe. Beherzt besorgt sie einen Ballen Stroh und einen großen Sack Möhren, packt alles ins Auto und fährt persönlich zum Stall. Die Kundin ist ebenso verblüfft wie gerührt von dieser wunderbaren Idee und willigt ein, die Gespräche weiterzuführen. So kann letztendlich ein Millionen-Account gehalten werden.

Empathie zwischen Kaffeemaschinen

Diese Art von Begegnungsqualität kriegen viele Unternehmen aber aus den unterschiedlichsten Gründen nicht hin. Und zwar auch dann, wenn es im Unternehmen ein ausgesprochen ausgefeiltes, sogar auf »Freundschaft« geeichtes System der Kundenansprache gibt:

Ich möchte mir das Netzkabel für meinen Monitor besorgen – meines hat einen Wackelkontakt. Außerdem brauche ich ein neues iPad. Also begebe ich mich in eine dieser weißen Konsumkathedralen, die sich auf elektronische Kommunikationsgeräte in minimalistischem Design spezialisiert haben. Nachdem ich wegen des Kabels zu drei verschiedenen Mitarbeitern geschickt worden bin, scheitere ich an der Tatsache, dass ich die Seriennummer meines Monitors nicht parat habe:

»Kommen Sie bitte mit der Seriennummer wieder«, meint der junge Mitarbeiter. Ich: »Ich habe eine bessere Idee: Sie geben mir Ihre Telefonnummer und ich rufe Sie an.« Er: »Das geht nicht.« Ich kontere erstaunt: »Ich dachte, bei Ihnen geht alles.« Er: »Nein, wegen der gesetzlichen Vorschriften.«

Ich habe ein großes Fragezeichen im Gesicht und wir einigen uns darauf, dass ich im Servicecenter anrufe und das Kabel dort bestelle. Auf das iPad habe ich dann keine Lust mehr. Es spricht mich auch niemand mehr an, als ich die Geräte betrachte. Niemand bemerkt diesen günstigen Moment, Kontakt zu mir aufzunehmen. Niemand nimmt sich Zeit. Oder werde ich ignoriert, weil ich im weißen Markentempel nicht genug Huldigung gegenüber dem Obstlogo performe?

Ich hatte schon in meinem Buch *Tue dem Kunden Gutes und rede darüber* beschrieben, dass die Mitarbeiter in diesem Unternehmen gehalten sind, ihren Kunden wie Freunde zu begegnen. Dass sie darauf trainiert sind, mit Emotionen zu arbeiten und mit allen Raffinessen Resonanz herzustellen – und sei es mit einem Gespräch über die schicken Sneakers des Kunden. Nun ja. Die Realität sieht wohl manchmal anders aus: Wenn sie nicht auf mich zukommen und noch nicht einmal telefonieren dürfen, wird das schwierig mit der Freundschaft. Sneakers trage ich ohnehin nicht an diesem Tag.

Einen freundschaftlichen Umgang mit Apple vermisste im Oktober 2016 wohl auch ein Kunde aus Dijon. Aus Ärger über eine nicht geleistete Rückerstattung nahm er bei seinem Store-Besuch eine Boulekugel mit und zertrümmerte damit peu à peu etwa 100 Smartphones. Nun – nicht, dass ich Gewalt in irgendeiner Form gutheißen würde, aber das Beispiel zeigt, wie emotional Service werden kann. Interessant: Auch dieser Kunde wurde zunächst von keinem Mitarbeiter angesprochen. Dabei hätte er vielleicht sogar seine Seriennummer parat gehabt.

Nach meinem Erlebnis im Apple Store gehe ich etwas angestrengt, aber auch amüsiert weiter zu einem großen, auf Elektronik spezialisierten Warenhaus, das sich eigentlich als Niedrigpreisanbieter für besonders sparsame Kundschaft positioniert hat. Ausgerechnet hier passiert mir Folgendes: In der Abteilung für schicke Flachcomputer kümmern sich gleich zwei Mitarbeiter rührend um mich. Sie sehen sofort, dass sie mich mit technischen Details nicht sonderlich beeindrucken können (tatsächlich kenne ich mich damit recht gut aus) und beweisen jede Menge Geduld bei der für mich so gewichtigen Frage der Farbe des iPads und der Hülle. Sie holen mich emotional ab, sie gestalten einen schönen Moment. Gekauft.

Hier bin ich in Stimmung, um ein weiteres, für mich persönlich außerordentlich relevantes Technikproblem zu lösen: Meine Cappuccinomaschine ist defekt. Eine neue muss her.

Die Beratung ist für den Kundenberater nicht besonders schwierig, weiß ich doch genau, was ich will, bis auf … nun ja, die Farbe. Souverän wägen der Berater und ich Schönheit und Funktionalität verschiedener Nuancen ab. Er nimmt sich die Zeit, lässt sich auf den Prozess ein, lässt ein Momentum entstehen. Er forciert nichts, sondern wartet einfach ab, dass sich das Potenzial der Situation wie von selbst verdichtet. Unterstützt den Kontakt zu mir als Kundin selbstverständlich mit Bli-

cken, während er gleichzeitig höflich Distanz
hält.

In einem Nebensatz erwähne ich: »Bei
meiner Maschine hat der Milchteil schon
wieder den Geist aufgegeben.« Er: »Was
funktioniert denn genau nicht?« Ich beschrei-
be es. Er fragt vorsichtig, fast mitfühlend: »Wie
reinigen Sie denn Ihre Maschine?« (Wie wohltuend, dass
er nicht fragt: »Reinigen Sie die Maschine denn richtig?«)
Ich zeige es ihm. Daraufhin verrät er mir einen Kniff, den ich noch
nicht kannte. Zwinkert mir zu.

»Herzlichen Dank«, sage ich, »ich nehme die Maschine jetzt trotzdem
mit, denn ich möchte morgen wieder meinen Cappuccino.« Er lacht:
»Sie sind ja schon auf Entzug, **das sieht man an**
den Augen! *Sie können sie gerne wieder zurückgeben,*
sollte Ihre doch wieder funktionieren.«

So geht Serviceglück: Der Mitarbeiter hat offenbar Zeit und er nimmt sich diese
Zeit auch für mich. Er hat ein Serviceskript für sein Verkaufsgespräch – aber zugleich auch so viel Freiheit, dass er aus diesem System ausbrechen und ganz persönlich, sogar freundlich frech werden darf. »Sie sind ja schon auf Entzug!« Das ist
Empathie pur. Wunderbar. Auch gekauft.

An der Kasse bietet mir die Mitarbeiterin sehr aufmerksam zwei
getrennte Rechnungen an: »Dann können Sie die 200 Geschenk-

kapseln einfacher einlösen – dafür brauchen Sie nämlich die Rech-
nung.« Mitdenken, Freude schenken! Ich bin glücklich.

Hier der gleiche Effekt: Die Kassiererin nimmt sich die Zeit, mir zwei Rechnungen zu geben. Und die Freiheit, aus ihrer Serviceroutine auszusteigen. Auch das ist Begegnungsqualität. Doch dann wird dieser schöne Moment jäh zunichte gemacht. Die Systemstarre schlägt zu:

Sie fragt: »Möchten Sie eine Tüte für das iPad haben?« Ich: »Ja
gerne.« Sie: »Die kostet allerdings zehn Cent.« Ich muss schmunzeln:
»Ich kaufe bei Ihnen für fast 1 000 Euro ein und muss diese billige
Plastiktüte bezahlen?« Sie blickte mir entschuldigend in die Augen:
»Ja, wir haben jetzt leider Anweisung, jede Tüte zu berechnen.«

Moment: Hat da einer nachgedacht? Wie schön wäre es, wenn sie hätte sagen dürfen: »Danke für Ihren tollen Einkauf, für solche besonderen Einkäufe haben wir sogar besonders schöne Verpackungen!« Gab es aber nicht. Im Servicesystem wurde dieser besondere Moment vergessen. Entscheidungsfreiheit an dieser Stelle: null. Hätte die Kassiererin auf eigene Faust eine schöne Verpackung organisiert – mit ihrem guten Sinn für das richtige Maß und den schönen Moment – dann hätte sie sich vielleicht sogar Ärger eingehandelt. Ärgerlich, oder?

Der Kaffeemaschinen-Mitarbeiter jedenfalls lag mit seiner Vermutung völlig richtig: Ich hatte das Milchteil nicht richtig gewartet – mit meinem neuen Wissen lief es sofort wieder. Dennoch behielt ich die neue Kaffeemaschine. Falls meine gute, alte Maschine doch eines Tages streiken sollte. Und siehe da: Nur wenige Wochen später ist genau das passiert.

Was uns diese Geschichten zeigen?

Zeit + System + Empathie

Mit diesen drei Zutaten wird aus einer alltäglichen Dienstleistung ein Quäntchen echtes Serviceglück.

Empathie wirkt Wunder

Die Glückserwartung des Kunden sehen, verstehen und den Kunden mit gelungenem Service glücklich machen: Das gelingt nur mit empathischen Mitarbeitern – mit Profis mit Herz und Verstand. Empathie in Verbindung mit Freundlichkeit hat eine umwerfende Wirkung. Sie schafft magische Momente und ist der beste Weg, um Kundenvertrauen zu gewinnen. Mit Freundlichkeit drücken wir Verbindlichkeit und Wohlwollen aus. Wir erreichen die Menschen und eröffnen uns die Möglichkeit, selbst auf die schwierigste Situation positiven Einfluss zu nehmen. Und nur mit Empathie verstehen wir die Sichtweise des anderen, können zuvorkommend handeln und die genau richtige Lösung samt Kommunikation aus dem Köcher ziehen. Für eine maximale Begegnungsqualität in diesem Moment und einen begeisterten Kunden.

»Kann man Empathie lernen?«, werde ich oft gefragt. Meine Nachforschungen und Erfahrungen aus vielen Projekten führen zu einem eindeutigen »JA!« Die Wissenschaft sieht das genauso. Natürlich gibt es Menschen, denen Empathie in einem hohen Maß schon in die Wiege gelegt ist und andere, die sie erst über die Zeit so richtig entwickeln. Auch die Mitarbeiter der Vorzeigeunternehmen sind nicht mit dem »Kundenbegeisterungs-Gen« zur Welt gekommen. Hinter solch einem Spirit stecken Liebe zum Detail, Beharrlichkeit und System.

Einfühlen lernen

Servicechampions sensibilisieren und schulen ihre Mitarbeiter in den relevanten Servicethemen mindestens einmal pro Woche. Diese Konsequenz in Verbindung mit Freude am Besserwerden verändert die innere Einstellung und den Blickwinkel. Erfahrungsgemäß ermutigt das alle, engagiert nach neuen Wegen zu suchen, um Kunden zu begeistern. Und es hilft Mitarbeitern, die richtige Tonlage und Intensität der Ansprache zu finden. Mit genau diesem Ziel haben wir das nachhaltige Lernkonzept *welearning* entwickelt. Unsere Kunden, darunter große Markenunternehmen, berichten über exzellente Erfolge in der Praxis. Neugierig? Eine Online-Demo gibt es unter www.we-learning.com. Das Besondere an unserem Trainingskonzept ist, dass hier die eigenen Kollegen in die Trainerrolle schlüpfen.

Das Physiotherapiezentrum Van Hees in Geldern am Niederrhein schult die Softskills seiner Mitarbeiter mit unserem System welearning. »Die medizinische Qualität unserer Therapeuten ist top, es hapert aber noch bei dem durchgehend sicheren, empathischen Auftreten in der Kommunikation mit den Patienten«, begründet Praxisinhaber Marco van Hees seine Entscheidung für die interne Schulungsmaßnahme in einem Interview mit der FAS. Jetzt leiten eine Therapeutin und eine Auszubildende gemeinsam die wöchentlich 15-minütigen Lerneinheiten. Zur Vorbereitung laden sie Arbeitsmaterialien für das Training mit den Kollegen herunter. Ein motivierendes

Video zu jedem Thema liefert für die Mitarbeiter den Input und Impulse von außen. Gemeinsam werden dann Situationen aus dem Arbeitsalltag geübt, besprochen und reflektiert – vor allem eben solche, mit denen Kundenbegeisterung gelingt.

Sich verstanden fühlen

Menschen – Sie und ich – möchten glücklich sein. Wir sind dann glücklich, wenn wir als Menschen wahrgenommen werden. Wir wünschen uns sehnlichst, dass uns jemand sieht, dass uns jemand hört und versteht. Es gibt nichts Schöneres, als sich verstanden zu fühlen! Das ist übrigens auch der Grund dafür, dass sich so viele Menschen in Social Media engagieren, und Selfies, Sprüche und Filme teilen. Was sie glücklich macht, ist nicht das Hochladen dieser Produkte an sich – es ist das Mitgefühl, das andere über das Netz zurücksenden. »Super gemacht!«, »Oh wie schrecklich, halte durch!« Und natürlich: »Daumen hoch!«

Serviceglücksbringer Nummer 3 ist also

Empathie.

FAZIT_1

So glückt Service: Wenn Mitarbeiter ausreichend Zeit haben, wenn sie ein hohes Maß an Empathie mitbringen und wenn Servicesysteme klug aufgesetzt wurden, hat der Kunde die Chance, sich mit all seinen Facetten als Mensch zu zeigen: mit seinen Gefühlen, Bedürfnissen, Vorlieben für bestimmte Farben oder Spezialitäten. Dann hat auch der Mitarbeiter eine Chance, Blicke zu schenken und Blicke zu fangen. Er kann dem Kunden Zeit und Raum geben, den Moment aufblühen lassen. So freuen sich Kunden sogar über schöne Produkte, die sie gar nicht gesucht hatten. Großes »Like«!

So fährt Service an die Wand: Unter Zeitdruck und gefangen in bürokratischen Servicesystemen mutieren Mitarbeiter zu Robotern. Sie stellen das Denken ein, sehen den Kunden nur noch als Rechnungsnummer, als Trinkgeldbetrag oder als Zehn-Minuten-Zeiteinheit, als Koffer, als Geldbörse, als Inhaber von Seriennummern. Sie schauen den Kunden nicht an, sondern taxieren ihn. Sie stellen eine reine Geschäftsbeziehung her. Sie kennen sich vielleicht sogar mit Kundenkontaktmanagement aus, halten alle Prozesse perfekt ein. Aber da springt nichts über. Da kommt nichts an. Und langfristig bleibt da auch nichts übrig.

SERVICE IN ZAHLEN

 der deutschen Kunden sprechen Kundendienste bevorzugt über Social Media an (E wie Einfach/YouGov).

 des Servicemarktes werden von sogenannten Servicepiraten gekapert (PWC).

 ihres Gewinns erzielen Fertigungsunternehmen durch Servicegeschäfte (Capgemini Consulting).

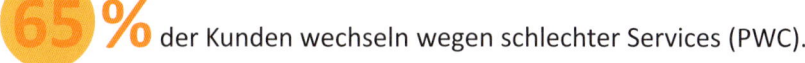 der Kunden wechseln wegen schlechter Services (PWC).

 der deutschen Kunden kommunizieren mit ihrem Kundendienst am liebsten per Telefon (E wie Einfach/YouGov).

2_WARUM SERVICEGLÜCK
SO SELTEN IST

Zeit, System und Empathie – wenn diese drei perfekt zusammen klingen, hat Serviceglück eine Chance. Eigentlich also ganz einfach. Warum ist es dann trotzdem so schwer? Um es gleich zu sagen: Es liegt nicht (oder nicht nur) daran, dass Mitarbeiter nicht wissen, wie`s geht, keine Lust zum Arbeiten oder kein Gefühl für ihr Gegenüber haben. Die Gründe liegen viel tiefer: in unserer seltsamen, noch immer von Religion und dem einschneidenden Eindruck der frühen Industrialisierung geprägten Einstellung gegenüber Zeit zum Beispiel. Außerdem liegt es daran, dass Unternehmen ihre Abläufe automatisieren und standardisieren *müssen*, um sich am Markt halten zu können – und es so geradezu automatisch und standardmäßig zu den Absurditäten kommt, die schon Charlie Chaplin in *Modern Times* aufs Korn genommen hatte. Und drittens ist in unserer von Zeitdruck und Automatisierung geprägten Zeit das ernsthaft in seiner Existenz bedroht, was lebendige Begegnungsqualität überhaupt ausmacht: Empathie. Und zwar nicht nur auf Seiten der Dienstleister, sondern – und nicht zu knapp – auch auf Seite der Kunden.

ZEITDRUCK FRISST SERVICEGLÜCK-MOMENTE

Beginnen wir mit dem Thema Zeitdruck: Wie macht er Serviceglück in Unternehmen kaputt? Wie untergräbt er die Glücksfähigkeit der Kunden? Und: Wo kommt unser permanenter Zeitdruck überhaupt her?

Zuerst zu den Unternehmen: Dass überall Zeit fehlt, merke ich als Beraterin und Rednerin vor allem in der Branche, die im Englischen munter »Hospitality« genannt wird: Hotels, Tagungsorte, Konferenzzentren. Hier ist mir etwas passiert, das zwar schon etliche Jahre her ist, das mir aber nicht aus dem Kopf gehen will:

Ich leitete einen Workshop, der in einem doch recht bekannten Hotel in Bayern stattfand. Es war herrlichstes Winterwetter und das Hotel war komplett ausgebucht. Und zwar vor allem mit Familien, die von früh bis spät laut lärmend in Skihosen, mit Mützen und roten Backen durch Foyer und Flure stapften. Der Skitrubel überforderte das Hotel an allen Ecken und Enden: Man kam mit dem Frühstück nicht hinterher, die Küchenorganisation segelte jeden Mittag aus der Kurve, die Damen vom Zimmerservice wirkten wie Nachtschwestern nach einer Doppelschicht, an der Rezeption stand das Telefon nicht still. Je mehr

Fehler überall passierten, desto mehr Pannen mussten ausgebügelt werden, und desto mehr stockten die Abläufe an anderen Ecken.

Kurz: absolutes Chaos. Weil ich mich mit den Teilnehmern meines Seminars höflich und zurückhaltend verhalte, geraten wir binnen kurzer Zeit aus dem Blick und werden dann schließlich ganz vergessen. Am Nachmittag stehen wir dann wieder an unseren Kaffeepausen-Tischen inmitten von gefühlt einhundert bunten Schneeanzugkindern und blicken auf ... NICHTS. Man hatte vergessen, Kaffee zu kochen und Gebäck bereitzustellen.

Als ich darum bitte, uns jetzt schnell und auch zukünftig Kaffee und die Snacks oben im Tagungsraum zu servieren, blafft mich die Mitarbeiterin an: »Dos geht net.« »Warum, bitteschön, geht das denn nicht?«, frage ich und versuche dabei, trotz massiv hohem Puls, möglichst wenig gereizt zu klingen. Die Mitarbeiterin antwortet, dass sie nur Getränke servieren dürfen, aber keinen Kuchen. Vorschrift. Punkt.

»Domit heroben net herum-gebröselt wird, wissen's?«

Nun. Zeitdruck ist eine Sache. Schlimm genug für den Kunden. Wenn dann aber noch unsinnige Servicesystem-Vorschriften dazukommen und die Empathie vor lauter Stress auch keine Chance mehr hat, dann wird das nichts mit dem Serviceglück.

Übermäßiger Stress führt zu Fehlern

Ob Service glückt oder an die Wand fährt, hängt maßgeblich vom Faktor Zeit ab. Weil Service maßgeblich Performance ist. Und Performance ist Zeitkunst.

Eins nach dem anderen: Ein Produkt können Sie aussuchen, bezahlen, mit nach Hause nehmen, hinstellen, benutzen, sich freuen. Bei einer Serviceleistung ist das anders: Hier treffe ich als Kundin auf einen Dienstleister – wir gemeinsam sind die Akteure. Das Treffen findet an einer eigens dafür aufgebauten Interaktionsschnittstelle statt, man könnte auch sagen, auf einer speziellen Servicebühne: Telefon, Chat-Plattform, Online-Formularseite, App, Rezeption, Restauranttisch, Behandlungsstuhl, Werkstatt, Konferenzraum. Die Performance startet mit der Begrüßung, folgt je nach Anliegen des Kunden und je nach Branche einem bestimmten Skript und endet mit der Verabschiedung. Dann ist der Servicemoment vorbei. Weg. Servicemomente lassen sich nicht festhalten oder archivieren, sie können nur im Moment erlebt werden. Und danach bestenfalls erinnert. Also: Zeitkunst. Ähnlich wie ein wunderschönes Musikkonzert, ein herzerfrischender Tanz, ein besonderes Essen.

Zeit genug: Bei niedrigem Zeitdruck wird die Serviceperformance auf der Zeitachse auseinander gezogen:

- Zuerst kann der Auftrag des Kunden in Ruhe geklärt werden – mit ausreichend Zeit, seine Bedenken und Bedürfnisse zu verstehen.
- Dann kann der Mitarbeiter ohne schädlichen Druck entscheiden, was im Detail er seinem Klienten in welcher Weise anbieten möchte, und alle Schritte sorgfältig vorbereiten.
- Schließlich wird die Leistung konzentriert umgesetzt.

Hoher Zeitdruck: Bei permanent zu hohem Zeitdruck staucht sich die Serviceperformance auf der Zeitachse zusammen:

- Der Mitarbeiter muss blitzschnell intuitiv spüren und intellektuell erfassen, was der gehetzte Kunde wollen könnte.
- Es bleibt ihm nichts anderes übrig, als schnell eine möglichst passend scheinende Serviceleistung zu improvisieren …
- … und praktisch im gleichen Moment schon umzusetzen.

Es versteht sich von selbst, dass die Fehleranfälligkeit proportional zum Zeitdruck ansteigt. Denn unter Zeitdruck muss die Konzentration besonders hoch sein – was ohnehin schon schwerfällt, und über lange Zeitspannen auch kaum zu leisten ist. Wer keine Zeit zum Denken und zum Handeln hat und obendrein unkonzentriert ist, kann eben nur »hudeln«. Beglückender Service entsteht so nicht. Und dazu kommt noch eine weitere Herausforderung: Wenn Patzer passieren, ziehen diese Patzer auf geradezu kuriose Weise weitere Fehler nach sich. Übrigens ein verbreitetes Phänomen – auch im Sport. Achten Sie das nächste Mal darauf, wenn Sie Tennis, Golf oder Eiskunstlauf schauen. Manchmal ist es wie verhext …

Warum macht der Zeitdruck dumm?

Zu viel Stress macht Menschen blind, ungeduldig und zynisch. Wenn man sich diese Liste einmal näher anschaut … gruselig! Wenn wir mehr über Serviceglück wissen wollen, kommen wir nicht drum herum, uns dieses Gruselkabinett näher anzuschauen.

Mindlessness: wenn Stress den Geist raubt

Allzuviel Zeitdruck und Stress können eine Reaktion auslösen, die Ellen Jane Langer, Professorin für Psychologie an der Harvard University, Ende der 1980er Jahre als *Mindlessness* beschrieben hat. Blinde Geistlosigkeit. Dazu gehört

- stereotypes **Denken**: »Wir brauchen immer zuerst die Servicenummer! Ohne die Nummer geht gar nichts.«
- **roboterhaftes Handeln**: »Zuerst so viele Menschen wie möglich in den Bus quetschen, dann losfahren.«
- und **Engstirnigkeit**: »Hier oben wird nicht gebröselt!«

Wer blind und geistlos durch seinen Joballtag hetzt, der kann auf Kundenwünsche nicht reagieren, der kann auch auf veränderte Rahmenbedingungen nicht reagieren, der kann Kunden nicht glücklich machen – aber der kann seine Firma komplett an die Wand fahren. Denn viele kleine Ungenauigkeiten können sich über die Jahre zu großen Katastrophen aufsummieren »Die Neigung zur Achtlosigkeit« ist ein Grund, »warum Organisationen im Umgang mit dem Unerwarteten scheitern können,« schreiben Karl E. Weick und Kathleen M. Sutcliff von der University of Michigan. »Scheitern« heißt hier: so richtig scheitern. Siehe das Diesel-Betrugsdesaster bei VW. Siehe das Akku-Explosionsdesaster bei Samsung.

Byun-Chul Han, einer der derzeit führenden Essayisten und Professor für Philosophie und Kulturwissenschaft an der Universität der Künste Berlin, bringt den Zusammenhang zwischen Zeitdruck und Blödheit in seiner schönen Studie *Der Duft der Zeit* (2009) sehr elegant asiatisch auf den Punkt: »Wer außer Atem gerät, ist ohne Geist.« Nach einer längeren Zeit der Atemlosigkeit dann auch ohne Kraft.

Zynismus: Zeitdruck untergräbt die guten Sitten

Es ist seit langem bekannt, dass Menschen in Pflegeberufen und in lehrenden Berufen besonders schnell ausbrennen. Die Anforderungen an der »Front« – in der Schule, in Krankenhäusern und Heimen – sind extrem hoch, gleichzeitig bleibt die Anerkennung innerhalb der Institutionen und die gesellschaftliche Anerkennung oftmals aus. So kommt es zum Eindruck, sich jeden Tag aufzureiben, aber für das eigene Engagement überhaupt nichts zurückzubekommen. Keinen Respekt, kein Lob, kein Dank, wenig Geld, nichts.

In einem solchen Moment schlägt die Haltung gegenüber der eigenen Arbeit um: Aus Begeisterung wird Zynismus. Nicht einmal aus Bösartigkeit, sondern aus Frust darüber, dass sich die eigenen Hoffnungen, für Schülerinnen und Schüler, für Patienten und Hilfsbedürftige einen relevanten Unterschied machen zu können, durch permanenten Zeitmangel als Illusion erwiesen haben.

Burnout-Studien zeigen, dass gerade Lehrer, die mit einem hohen Anspruch an sich selbst und an ihre »Mission« in den Job starten, dann frustriert werden, weil von Schülern und Eltern so viel Stress zurückkommt. Natürlich gibt es auch Lehrer und Pfleger, die den Job nur für das Geld erledigen. Die brennen aber auch nicht so schnell aus wie diejenigen, die ihren Job mit Herzblut antreten und ihre Erwartungen nicht realisieren können.

Das Große Wörterbuch der deutschen Sprache definierte 1999 *zynisch* als »eine [...] Haltung zum Ausdruck bringend, die besonders in bestimmten Angelegenheiten, Situationen als konträr, paradox und als jemandes Gefühle missachtend und verletzend empfunden wird«. Diese Haltung ist mit exzellentem Service unvereinbar. Zynismus ist ein Serviceglück-Killer. Ich habe diese Haltung selbst schon mehr als einmal erlebt – zum Glück weder als Schülerin noch als Patientin, sondern »nur« als Kundin eines Elektroladens:

Persönliche Katastrophe: Meine Lieblingslampe ist kaputt. Ein sehr schönes Schmuckstück mit einem transparenten Kabel, das leider unter einem Wackelkontakt leidet. Wer meine Passion für Lampen teilt, der weiß, dass sich bei akutem Kabelbruch die Fahrt zum Lampenladen so ähnlich anfühlt wie die Fahrt zur chirurgischen Ambulanz mit angeknackstem Mittelhandknochen. Als ich die Lampe abholen will, ist sie nicht fertig. Als ich sie später abholen will, ist Karneval. Beim nächsten Versuch hat der Laden Mittagspause. Dann ist zufällig einfach keiner da. Nach Monaten habe ich mein gutes Stück glücklich wieder zu Hause. Und dann das: Kunstfehler!

Der Elektriker hat zwar einen neuen Schalter eingebaut, aber einen ganz dicken, ganz hässlichen, in tiefstem Schwarz. Weil jeder Fachmann wissen müsste, dass es bei der Gestaltung von Produkten auf jedes Detail ankommt, empfinde ich den Einbau dieses Schalters als persönliche Beleidigung. Aus der Haltung des Elektrikers spricht für mich purer Zynismus: »Sie mit Ihrer Designerlampe, Sie glauben wohl, Sie sind etwas Besonderes. Stellen Sie sich doch nicht so an.« Natürlich weiß ich nicht, ob der Elektriker tatsächlich so gedacht hat. Für mich fühlte es sich so an.

Der Elektroladen-Chef erklärte mir übrigens besserwisserisch, transparente Schalter gäbe es nicht auf dem Markt. Zu Hause brauchte ich dann exakt 60 Sekunden, um einen transparenten Ein- und Ausschalter online zu finden. Kostenpunkt: 5,72 Euro.

Der Kunde: atemlos

Zeitdruck, Mindlessness und Zynismus sind – so ehrlich müssen wir sein – nicht nur ein permanentes Thema für Mitarbeiter, sondern auch auf Kundenseite. Das verschärft die Situation vor allem, wenn es um Logistik geht. Denn wo dringend benötigte Bauteile oder Drucksachen auf der Strecke bleiben, wird es ganz schnell sehr, sehr teuer:

Ich erinnere mich gerne an unseren Lieblingstechniker von »Heidelberger Druckmaschinen«. Wenn in unserer Druckerei eine Maschine defekt war, fuhr er auch in der Nacht noch durch Schnee und Eis, um am Montag früh bei uns auf der Matte zu stehen und die Maschine wieder zum Laufen zu bringen. Bei einem Stundensatz von damals schon 800 DM war das extrem wichtig. Jede Stunde Stillstand war viel Geld. Und er war der Einzige, der richtig Ahnung hatte. Empathisch war er nicht, eher trocken, aber gut.

Der hektische Alltag in einer technischen Produktion gehört heute nicht mehr zu meinem Leben – dafür habe ich Zeitdruck aus vielen anderen Gründen. Wenn zwischen Kundenterminen in aller Welt dann auch noch unfreiwilligen Zusatzreisen zu abgelegenen Poststationen in Düsseldorf kommen, habe ich die Nase schon gestrichen voll, bevor ich mein Paket überhaupt in den Händen halte. Ich weiß nicht, wie es Ihnen mit Ihren Paketen ergeht – mir passiert Folgendes mit unschöner Regelmäßigkeit:

> *An einem Montag erhalte ich ein Paket per DHL, am Dienstag eine Warensendung und am Donnerstag ein Einschreiben. Besser gesagt: erhalte leider nicht. Das Paket muss ich im Paketshop in der Duisburger Straße abholen (Zeitaufwand 20 Minuten, schlechte Parkmöglichkeit), die Warensendung in der Hauptpost in der Konrad-Adenauer-Straße (Zeitaufwand 35 Minuten) und das Einschreiben zwei Tage später wieder in der Hauptpost (also wieder 35 Minuten).*

Ich verstehe ja, dass DHL-Fahrer und Postboten unter hohem Zeitdruck stehen und lieber ganz schnell einen Abholzettel einwerfen, statt 20 Sekunden an der Tür zu warten oder in die vierte Etage zu laufen. Doch ich habe auch Zeitdruck! Und ich will weder zu einer Packstation noch in einen Paketshop noch in eine Post fahren. Mein Traum ist vielmehr, dass ich zum Wunschtermin die Tür aufmache und ein *lächelnder Mitarbeiter* mein Osiander-, Amazon-, Zalando- oder Elisabeth-Paket in der Hand hält: Elisabeth, meine treue Assistentin, ist übrigens ein Naturtalent in Sachen Begegnungsqualität.

Zum Glück gibt es jetzt den DHL-Service »Wunschtag«, der es mir erlaubt, Wochentage für die Zustellung meiner Pakete zu hinterlegen und ich kann jetzt auch den Zustelltag für eine einzelne Sendung um bis zu sechs Tage verschieben. Darauf hatte ich lange gewartet.

Das Leben hier im Westen ist in den vergangenen Dekaden immer kurzatmiger geworden: Menschen fahren immer kürzer in Urlaub, dafür aber öfter. Wenn wir uns Kinofilme anschauen, dann tun wir das tendenziell auf dem eigenen Sofa mit mehreren weiteren Kleinbildschirmen um uns herum. Die vielen kleinen Bildchen und Filmchen lenken uns zwar vom Film ab, was aber nichts ausmacht, weil sich die Erzähltechnik völlig gewandelt hat: vom langsam dahinschwelgenden Epos hin zu einem achterbahnähnlichen Parforceritt. Ein Bild- und Tonschock folgt dem nächsten. Sogar die Länge der Musikstücke schrumpft unter dem Einfluss der Streaming-Dienste zusammen. Und wie kurz die Aufmerksamkeitsspanne für ein einzelnes Thema geworden ist, lässt sich schon per Eigenbeobachtung beim Facebook-Scrolling feststellen. Sie ist kurz. Sehr kurz.

Wir sind Sensationsjunkies geworden. Das gilt für viele von uns, und eben auch in der Rolle des Kunden. Das macht Dienstleistern das Leben schwer. Angenommen, ein hoch erfolgreicher CEO mit übervollem Terminkalender kommt samt Familie in einem kleinen, aber feinen Hotel an. In der vergangenen Woche hat er drei Länder gesehen, fünf Geschäfte erfolgreich unter Dach und Fach gebracht, in sieben Restaurants gegessen und in zwölf Meetings brilliert. Der Tanz auf der Nadelspitze ist für ihn Alltag, er springt von einer »Aktualitätsspitze« zur nächsten. Ist aber kaum mehr in der Lage, eine Episode zu erleben. Sich auf eine Situation einzulassen. Das Warten auf einen besonderen Moment als etwas Schönes zu empfinden.

Die Folge: Schon nach wenigen Minuten Aufenthalt im Hotel läuft der Gast emotional auf Grund. Ist bitter enttäuscht. Weil nichts los ist! Nun, er kann sich jetzt erschöpft auf den nächstbesten Sessel fallen lassen. Oder seine Restenergie mobilisieren und Umstände machen, auf Sonderkonditionen pochen, sein Zimmer unbedingt auf der anderen Seite des Hauses haben wollen und einen anderen Parkplatz. Dann ist ihm wieder fad.

»Heute gibt es die Enttäuschung des Nichterlebens. Es wird einem etwas angeboten, was die Langeweile vertreiben soll, und enttäuscht bemerkt man, dass man sich trotzdem langweilt«, schreibt Rüdiger Safranski, Professor am Fachbereich Philosophie und Geisteswissenschaften an der Freien Universität Berlin, in seiner aktuellen Zeitstudie.

Für den Kunden ist es schlimm und für Unternehmer ist es ein sehr schwer zu lösendes Problem: dass der Kunde sich genau durch das gelangweilt fühlt, das ihm die Langeweile eigentlich vertreiben sollte. Ein Luxusproblem, sicher, aber eine relevante Herausforderung für diejenigen, für die glückliche Kunden eine Herzensangelegenheit sind.

UNSERE ARBEIT FORMT UNSER DENKEN UND HANDELN – UND MANCHMAL VERFORMT SIE UNS AUCH.

Der ständig im »Jetzt« gefangene Kunde ist nämlich nicht mehr nur unfähig, schöne Momente zu genießen, sondern er ist auch unfähig, solche Momente emotional zu verarbeiten und sich später daran zu erinnern. Byun-Chul Han beschreibt das so: »Die Erfahrung umfasst einen weiten Zeitraum. Sie ist sehr zeitintensiv im Gegensatz zum Erlebnis, das punktuell, zeitarm ist.« Der gestresste Erfolgsmensch hat keine Zeit mehr, nur noch Zeitpunkte. Er hat kein umfassendes Glücksgefühl mehr, empfindet nur noch Sensationspunkte.

Die immerhin kann Service liefern: einzelne Blickfangmomente, kleine Glücksgesten und Überraschungen. Wie oft habe ich es erlebt, dass selbst ultragestresste Kunden mit kaum mehr sichtbarer Empathiefähigkeit auf solche Momente sehr dankbar reagieren – manchmal regelrecht gerührt sind, auch wenn sie das sehr sparsam ausdrücken.

Der Mitarbeiter: Slow Motion

Einen Punkt will ich an dieser Stelle nicht verhehlen: Nicht immer und nicht überall haben wir es mit Zeitdruck zu tun. Es gibt durchaus Situationen und Jobs, in denen systematisch die Zeit abgesessen, wenn nicht sogar totgeschlagen wird. Entweder, weil wirklich überhaupt nichts zu tun ist. Oder, weil die Mitarbeiter schlicht und ergreifend keine Lust haben, auch nur einen Finger zu krümmen. Mein Lieblingsbeispiel ist hier der Flughafen Düsseldorf: An der Security stehen gerne einmal fünf Mitarbeiter am Band, bewegen sich im Schneckentempo, unterhalten sich über Privates und schauen hin und wieder in die Luft. Vielleicht ist da ja was. Andere Mitarbeiter sitzen an Tischen und starren auf die *Priority Lane* – unklar, warum: Wenn alles nach Plan läuft, tun sie nichts. Und wenn sich Gäste rüberschummeln, tun sie auch nichts. Gut: So herausfordernd ist dieser Job sicherlich nicht. Aber heißt das, dass man sich dann gleich auf die faule Haut legen kann? Ich finde: nein.

In fast jedem größeren Unternehmen bilden sich diese seltsamen Nester aus, in denen nach außen hin Betriebsamkeit vorgetäuscht, tatsächlich aber kaum etwas gearbeitet wird. Um überhaupt etwas zu tun, wird zerredet, nach falschen Dingen gesucht, Stress vorgetäuscht und gejammert, dass man niemals fertig würde. Schaut man genauer hin, wuchern diese Nester besonders üppig in besonders schlecht geführten Abteilungen. Oder in alteingesessenen Megakonzernen, in denen es sich, aus welchen Gründen auch immer, unkündbare Mitarbeiter in bestimmten Nischen bequem gemacht haben und ihre ergonomischen Sitze warmhalten. Jahrelang. Jahrzehntelang.

Gut geführte Unternehmen nehmen so etwas nicht hin: Sie verstehen unter Führung, klare Ziele zu setzen, und messen die Umsetzungskonsequenz. Bei permanenter Nichterreichung folgen Konsequenzen. Konsequenzen sind – leider – das einzig wirksame Mittel gegen grassierendes Superschneckentum.

Wo die ständige Hektik herkommt

Dass wir heute – mit Ausnahme der Mitarbeiter in Superschnecken-Reservaten – oft unter so hohem Zeitdruck stehen, hat eine Fülle von Gründen: wirtschaftliche Gründe, historische und sogar religiöse.

Zeit ist Geld und Geld ist knapp

Nicht jedes Land der Welt ist so auf Leistung, auf Hochleistung fixiert wie unseres. Aber in jedem Land, das sich im Laufe der Zeit auf Leistung fixiert hat, herrscht eine rigide »Zeit-ist-Geld-Einstellung«. Tatsächlich ist es ja auch so: Wer sehr viel Zeit hat, der hat tendenziell sehr wenig Geld. Es sei denn, er hat finanziell bereits ausgesorgt. Wer von einem übervollen Terminkalender ferngesteuert wird und in seinem Job sehr erfolgreich ist, der hat tendenziell mehr Geld.

Robert Levine schreibt in seiner kulturvergleichenden Zeitstudie, dass unsere Konzentration auf Leistung zuerst zu dieser »Zeit-ist-Geld-Einstellung« führt, und im nächsten Schritt dann »in den Zwang mündet, jeden Augenblick irgendwie zu nutzen.«

So macht sich eine *Alles-sofort*-Mentalität breit: Dienstleister sollen jetzt und sofort auf der Matte stehen und Leistung liefern, bestellte Produkte sollen möglichst sofort kommen – daher auch die Bemühungen des Versandgiganten Amazon, parallel zu Ein-Klick-Bestellungen auch Am-gleichen-Tag-Lieferungen zu ermöglichen und neuerdings auch Blitzbestellungen über vernetzte »Dash-Buttons«, die überall in der Wohnung aufgeklebt werden können.

In der globalisierten Welt ist das *Alles-sofort* zuerst eine Idee gewesen, ein Ideal. Dann wurde es zu einem neuen Standard: nicht nur für Logistiker, sondern für alle. Es kommt einer Beleidigung gleich, wenn man heute nicht binnen Minuten auf eine E-Mail antwortet. Der Standard ist längst zu einem ungeschriebenen Gesetz mutiert.

Menschenzeit und Maschinenzeit

Die Anfänge unserer heutigen Zeitdruckgesellschaft liegen im 19. Jahrhundert. Mit der Eisenbahn, den ersten Fabrikanlagen und der Einführung einer verbindlichen Uhrzeit für alle verlor der krähende Hahn seine Relevanz. Die Fabriken öffneten eben nicht bei Sonnenaufgang, sondern mit dem Schlag der Werksglocke. Im Winter, im Sommer, immer zur gleichen Uhrzeit. Punkt.

Wenig erstaunlich also, dass die englischen Fabrikarbeiter bei ihren Protesten im 19. Jahrhundert nicht nur die Maschinen demolierten. Sondern auch die Fabrikuhren. Diese gigantischen Uhren über den Werkstoren zeigten überdeutlich, dass die Macht über die Zeit auf die Maschinen übergegangen war. Und dass die menschliche Zeit sich der Maschinenzeit unterzuordnen hatte.

Ich erinnere mich bestens an meine eigene Zeit als Unternehmerin in der grafischen Industrie: Das schlimmste war, wenn die Druckmaschine stillstand.

Um Gottes willen keine Zeit vergeuden!

Gehen wir noch einen Schritt zurück: Das Mittelalter war gerade zu Ende gegangen, da breitete sich mit dem neuen Zeitalter auch ein neues Zeitgefühl in Europa aus. Die Sache ist ein bisschen kompliziert: Die Calvinisten, eine theologische Bewegung aus Genf, verbreiteten in Europa die neue Ansicht, dass der Weg zum Himmel nicht für die frei gemacht werde, die gute Taten tun, die Ablassbriefe kaufen, die beichten und büßen. Sondern für diejenigen, die auf Erden gutes Geld verdienen. Je mehr, desto sicherer schien der Kurs gen Himmel gebucht. Zwar waren sich auch die wirtschaftlich erfolgreichen Gläubigen nicht hundertprozentig sicher, dass Gott sie für den Himmel auserwählen würde. Die Entscheidung Gottes, ob top oder flop, ließ sich den Calvinisten zufolge auch mit einem dicken Portemonnaie letztlich nicht beeinflussen. Aber Fleiß und Erfolg wurden dennoch als gutes Zeichen von oben gewertet. Und so versuchte der reformierte Mensch, sich mit

Tugend plus Karriere selbst Gewissheit darüber zu verschaffen, dass er doch zu denen gehören müsse, die ganz nach oben kommen. »Die rastlose Arbeit kann zwar das Heil nicht erwirken«, erklärt Byung-Chul Han. »Sie ist das einzige Mittel, sich der Erwählung zu versichern und dadurch Angst abzubauen.« Von einem sogar gemäßigten Calvinisten aus England, Richard Baxter (1615 bis 1691) sind Überlegungen zur richtigen Lebensführung überliefert, die erstaunlich aktuell klingen: Man solle, bitteschön, überhaupt keine Zeit vergeuden. Vor allem nicht mit Ausruhen, Mode und üppigen Schlemmereien. Ganz schlimme »Zeitdiebe« seien auch Geschwätz, unprofitable Gesellschaft und Schlaf!

> *»Keep up a high esteem of time and be every day more careful that you lose none of your time, then you are that you lose none of your gold and silver. And if vain recreation, dressings, feastings, Idle talk, unprofitable company, or sleep, be any of them temptations rob you of any of your time, accordingly heighten your watchfulness.«*

Im Buchladenregal »Zeitmanagement« finden wir ganz ähnliche Ratschläge auch heute noch. Allerdings ist das Ziel heute nicht mehr ein Mehr an Erfolg als Zeichen für ein himmlisches Ende der Karriereleiter, sondern das Ziel ist einfach nur noch der Aufstieg auf der Karriereleiter. Für das noch größere Haus, die noch dickere Yacht, die noch tollere Fernreise und so weiter, alles bitte im Diesseits.

Interessant: Obwohl das jenseitige, das himmlische Ziel aus den Augen geraten ist, verhalten wir uns noch immer so, als sei Zeitvergeudung »die schlimmste aller Sünden«. Manchmal kommt es mir so vor, als hätten wir das richtige Maß verloren: Auf der einen Seite sehe ich permanent gestresste, hoch erfolgreiche Menschen, an denen die damaligen Calvinisten sicher Freude hätten. Die aber derartig hochtourig rotieren, dass sie nicht mehr zum Nachdenken kommen. Und deshalb viele Dinge tun, die für den Erfolg ihrer Unternehmen nicht mehr relevant sind, die sich aber wunderbar »busy« anfühlen. Auf der anderen Seite sehe ich Menschen, die nach einem bewussteren Leben suchen, nach Flow (es gibt sogar schon eine gleichnamige Zeitschrift für diese Zielgruppe), sogar nach Erleuchtung, jedenfalls nach Slow Down. Wer hier das Maß verliert, der kommt vor lauter Meditation und Stille gar nicht mehr zum Handeln. Es ist eine Kunst, richtig mit der eigenen Zeit umzugehen.

Halten wir also fest: Superschneckentum macht Service unmöglich. Und permanenter Zeitdruck macht Service fehleranfällig, macht Mitarbeiter mürbe, lässt sie zynisch werden oder sogar ausbrennen. Zeitdruck auf Kundenseite untergräbt die Glücksfähigkeit und kollidiert häufig mit den Vorstellungen der Unternehmen, wie ihre Kunden mit ihnen zusammenzuarbeiten haben (Stichwort: Postpakete abholen). Als wichtigste Gründe für unseren chronischen Zeitmangel haben wir unser Wirtschaftssystem ausgemacht, das mit dem Geist der Reformation (Stichwort: Calvinismus) groß und erfolgreich geworden ist und in dem Zeit gleichbedeutend ist mit Geld. Ein Gut also, mit dem sparsam gehaushaltet werden muss.

Nach diesem etwas ungemütlichen Thema »Zeitdruck« kommen wir auch nicht um das mindestens genauso unangenehme Thema »Systemstarre« herum.

SYSTEMSTARRE ERSTICKT WOW-GEFÜHLE

Zugegeben: Ich selbst gehöre zu den anspruchsvollen Kundinnen. Ich liebe Extras über alles und sobald mir jemand zu verstehen gibt, dass man gerne bereit ist, Sonderwünsche aller Art zu erfüllen, kann ich nur sagen: »Don't get me started!« Zugleich meine ich, recht gut einschätzen zu können, welche Wünsche realisierbar sein könnten – und welche eben nicht.

Vom Thema Zeitdruck nun also zum Thema Systemstarre, dem zweiten Auslöser von Servicekatastrophen. Hier haben wir es mit technisch induzierten Tücken zu tun und mit falsch dosierten Serviceleistungen. Außerdem mit der Tatsache, dass Servicesysteme nur dann funktionieren, wenn Mitarbeiter sie verstanden haben und damit, dass allzu rigide Servicesysteme leider und viel zu oft etwas ganz wichtiges aushebeln: den Verstand der Mitarbeiter.

Tücken der Technik

Weil ich sehr viel Einblick hinter die Kulissen von Unternehmen habe und selbst auch an mehreren Unternehmen beteiligt war und bin, weiß ich: Es geht immer mehr, als man denkt. Umso wütender werde ich, wenn weniger geht, als logisch wäre. Vor allem dann, wenn ein dummer, technischer Fehler dahinter steht.

»Sorry, wir können nicht umbuchen«

 *Sonntagnachmittag am Flughafen Zürich: Ich sitze in der Lounge, warte auf meinen Rückflug nach Düsseldorf und freue mich auf einen Abend bei meinen Freunden. Die Anzeigetafel zeigt plötzlich eine leichte Verspätung. Wenn man gemütlich in der Lounge sitzt, ist das erst einmal nicht weiter schlimm. Die Verspätung wächst. Irgendwann wird doch zum Boarding ausgerufen – eine Stunde nach der geplanten Abflugzeit. Als alle sitzen, meldet sich der Kapitän »Meine Damen und Herren, wir können die Tür nicht schließen. Ein Techniker kommt, um sie zu enteisen.« 15 Minuten später ergreift der Kapitän wieder das Wort: »Das ist eine größere Sache. Wir können die Tür nicht richtig schließen. Ich akzeptiere dieses Flugzeug nicht. Wir müssen das Fluggerät wechseln.« Na Gott sei Dank fliegen wir nicht mit »offener« Tür.*

Sie können sich vorstellen, welch grimmiges Raunen durch die Reihen ging. Die Stimmung war im Keller. Wir steigen alle wieder aus. Es wird uns ein neues Abfluggate genannt. Das gibt es leider nicht, und wir irren alle im Terminal umher. Schließlich löst sich der Fehler auf. Der Mitarbeiter am

neuen Gate schreit ohne Mikrofon und sehr ungelenk in die Menschen-traube, dass wir eine Stunde später fliegen. Ein neuerlicher Irrtum, wie sich herausstellte. Eine Stunde später folgt die nächste Information, näm-lich, dass der Flug annulliert ist. Weniger Reiseerfahrene schreien auf-geregt herum und rennen dann im Schweinsgalopp zum Transfer Desk im anderen Terminal, um irgendwie nach Düsseldorf zu kommen. Ich kam als eine der letzten dort an. Natürlich wollte ich auch nach Hause oder bes-ser – ich musste nach Hause, aber ich war guter Dinge, dass ich mit der Schwester-Airline eine Stunde später zurückkommen würde.

Schnell fiel mir auf, dass die Schlange irgendwie nicht kürzer wurde. Die Mitarbeiter rannten ein wenig aufgescheucht herum, flüsterten sich Dinge zu. Schließlich griff eine Mitarbeiterin der Bodencrew zögerlich zum Mikrofon: »Meine Damen und Herren, ich muss Ihnen leider bedauerlicherweise mitteilen, dass wir Sie nicht auf die XY-Maschine nach Düsseldorf umbuchen können. Da sind zwar noch Plätze frei, **aber unsere Systeme lassen das Umschreiben der Flüge nicht zu.** Wir *haben alles versucht und auch mit dem Gate telefoniert. Es gibt leider keine Möglichkeit. Sie erhalten alle einen Voucher für ein Hotel und morgen früh ...«*

Können Sie sich das vorstellen? Es gab keine Möglichkeit, das starrsinnige System zu umgehen. Das System beherrschte die Situation. Die Maschine flog mit leeren Sitzen nach Düsseldorf, und die Fluggesellschaft musste für alle Gestrandeten eine Nacht im Hotel bezahlen. Unter den Fluggästen kam ein wenig Galgenhumor auf. Kopfschütteln, Unverständnis und hysterisches Lachen waren zu beobachten.

Als Fluggast war ich stocksauer, dass meine Sonntagabend-Lebenszeit so sinnlos verschwendet wurde. Als Serviceexpertin fragte ich mich, warum es sich bis zum Jahr 2016 noch immer nicht herumgesprochen hat, dass eine exzellente und empathische Servicekommunikation in Problemsituationen das A&O ist. Als Unternehmerin rechnete ich hoch, wie viel Geld an diesem Abend verschwendet wurde. Und in Personalunion fragte ich mich, warum wir es zulassen, dass uns Systeme und Prozesse derart dominieren.

Nur 349 Fragen

Das sollten eigentlich auch die Menschen wissen, die Fragebögen entwerfen. Doch offensichtlich gibt es welche, denen technisch wunderschön aufbereitete Statistiken auf breiter Datenbasis wichtiger sind als das Kundenglück:

> *Im Juni 2013 bekam ich ein neues Auto. Es sieht gut aus – klar, ich habe es ja selbst ausgesucht … Und es fährt so, wie es fahren soll. Was soll ich sagen? Alles ist wunderbar. Kurz nach dem Kauf bekomme ich vom Hersteller einen Fragebogen mit der »Einladung« zu einer Befragung für Neuwagenkäufer. Weil ich eine hohe Markenloyalität habe und natürlich auch berufshalber an solchen Befragungskonzepten interessiert bin, setze ich mich erst einmal hin und bin guten Willens, den Bogen auszufüllen. Als ich die Neuwagen-Kundenbefragung dann etwas genauer betrachte, kann ich nur noch staunen: acht Seiten DIN A4, kleingedruckt – ich zählte 70 Hauptfragen mit insgesamt 279 Unterfragen, darüber hinaus noch etliche freie Bemerkungsfelder.*

Ja, ich kann verstehen, dass jedes Unternehmen Informationen über seine Kunden sucht. Schließlich ist das Wissen darüber, worauf seine Kunden Wert legen, einer der größten Trümpfe, die Unternehmen heute in der Hand halten. Die Auswertungen mit Torten- und Balkendiagramme machen vieles deutlich. Aber warum sollte ich, die Kundin, viele Stunden meiner Zeit investieren, um solche Statistiken zu füttern? Ich habe keinerlei Motivation, meinen freien Abend mit Bemerkungsfeldern zu verbringen. Hier stimmt das Maß nicht.

Ganz abgesehen davon: Welche Schlüsse werden überhaupt aus den Kundenantworten gezogen? Was genau will das Unternehmen in Zukunft für seine Kunden – also für mich – spürbar anders und besser machen als in der Vergangenheit? In vielen Fällen werden die Ergebnisse weder an die Mitarbeiter kommuniziert noch umgesetzte Maßnahmen an die Kunden zurückgespiegelt. Am Ende kann der Sinn jeder Befragung doch nur sein, dass Kunden eine signifikante Verbesserung spüren. Nur dann ist eine Befragung relevant – für mich als Kundin. Und für jedes Unternehmen.

Ach ja: Am meisten habe ich mich über den kurzen (!) Anruf meines Händlers gefreut: »Hallo liebe Frau Hübner, ich wollte einfach nur hören, ob Ihnen Ihr neuer Wagen viel Freude macht.« Dieser Anruf ist zwar Teil des Servicesystems, das weiß ich auch. Es sprang dennoch ein Funken über. Weil der Händler nicht nur systemtreu ist, sondern ein echtes Interesse an meiner Meinung hat. Pluspunkt!

Kürzlich erlebte ich eine durchdachte Befragung nach einem technischen Kontakt mit der Telekom-Hotline: Es war eine einfache SMS mit wenigen Fragen, und ich konnte der Mitarbeiterin auch eine persönliche Nachricht schreiben. So kommt Feedback wirklich beim Mitarbeiter an – für diesen Fall ein dickes Lob.

Das zeigt: Wenn es Unternehmen gelingt, die digitale Welt mit der Welt der persönlichen Kundenkontakte exzellent zu verschmelzen, kann selbst technische Kommunikation sehr begeistern. Das ist Service 4.0!

Viel hilft nicht viel

Starre Systeme führen fast immer zu einem Qualitätsproblem. In Fällen besonders großen Serviceunglücks liegen diese Systeme zusätzlich in Fragen der Quantität völlig daneben. Was mengentheoretisch eindrucksvoll daherkommt, kann in der Praxis eine Nullnummer sein. So habe ich es mehr als einmal erlebt – gerade neulich:

Es ist Mittagspause in einer Roadshow. Mein Vortrag ist nach dem Showact angesetzt, der die Teilnehmer aus dem Suppenkoma reißen soll. Die Technik ist eingerichtet. Ich gehe aus dem Saal, um mich noch einmal schick zu machen. Irgendwie wühle ich mich durch die über 600 Gäste, die fröhlich miteinander plaudern, und halte nach den Waschräumen Ausschau. Wunderbar: Plötzlich steht eine Mitarbeiterin vor mir und ich frage: »Können Sie mir bitte sagen, wo hier die Waschräume sind?« Sie sieht mich verdutzt an und ich denke im ersten Moment, sie versteht die Formulierung »Waschräume« nicht und korrigiere mich »Ich meine die Toiletten«. Sie hat immer noch ein Fragezeichen im Gesicht und antwortet »Das weiß ich leider nicht.« Natürlich ist mir bewusst, dass die Mitarbeiterin eine Aushilfe ist. Aber können Sie verstehen, dass vor einer Veranstaltung die Mitarbeiter nicht so gebrieft werden, dass sie zumindest auf die existenziellen Fragen der Gäste eine Antwort geben können, im Idealfall sogar eine richtige Antwort? Es ist mir unbegreiflich.

Als ich später meinen Mantel von der Garderobe hole, lese ich auf einer Reklametafel der Event-Location, es seien **über 1 000 Services** *im Angebot. Das macht mich völlig ratlos. Zeugt es von einem »Prädikat Wertvoll«, über 1 000 Services anzupreisen? Können Mitarbeiter diese Vielzahl an Services überhaupt noch kennen, geschweige denn in einer hohen Qualität erbringen, wenn sie – ketzerisch gesprochen – dem Besucher nicht einmal den Weg zur Toilette zeigen können?*

Nein, mehr nützt nicht immer mehr. Exzellenter Service bedeutet nicht unbedingt »mehr« Service und »mehr« Kommunikation, sondern einen »genau richtigen« Service samt Kommunikation. Es ist ganz einfach: erstens entscheiden, was für den Kunden relevant ist und was davon man anbieten und machen möchte. Und zweitens: genau das richtig gut machen. Und nicht noch 1 000 andere Dinge!

Untermauert wird diese These durch ein Feldexperiment der amerikanischen Forscher Iyengar und Lepper. Sie ließen Testpersonen in einem Supermarkt einkaufen und befüllten ein Regal einmal mit einer Auswahl von 24 und einmal nur mit sechs Konfitüren. Das Ergebnis: Zwar stieß das größere Sortiment zunächst auf größeres Interesse bei den Testkäufern, mehr gekauft aber wurde, wenn nur sechs Marmeladen zur Auswahl standen. Ganz offensichtlich unterstützte das übersichtliche Sortiment die Kaufentscheidung!

KLUG DOSIERTER SERVICE SPART RESSOURCEN UND MACHT KUNDEN GLÜCKLICH.

Skript am Kunden vorbeigeschrieben

Ob die Inszenierung einer Serviceleistung glückt, oder ob sie einfach nur nervt, ist also entscheidend abhängig von der Dosis. Das gilt für alles: Blumen können wundervoll sein, zu viele Blumen nehmen die Sicht und die Luft zum Atmen. Ein üppiges Mahl kann toll sein, zu große Portionen auf dem Teller aber können akutes Unwohlsein auslösen. Ich kann mich wunderbar umsorgt fühlen, wenn sich ein Mitarbeiter am Pool danach erkundigt, ob es mir noch gut geht. Kommt er aber alle paar Minuten, fühle ich mich wie eine hochgradig gefährdete Patientin auf der Intensivstation. »Ja, ich lebe noch. Und ich lebe immer noch! Ich brauche zum Überleben jetzt auch nicht schon wieder einen Fruchtspieß, ich möchte meine Brille nicht putzen, ich möchte nicht noch ein Wasser trinken, ich brauche kein frisches Handtuch und auch kein Spray, um mein Gesicht zu erfrischen. Es geht mir gut! Sorry!!!«

Wenn Wünsche von den Augen abgelesen werden, eine aufmerksame Geste einem Gast ein Lächeln ins Gesicht zaubert, macht Service glücklich. Wenn Service in einer Überdosis serviert wird, kann er ermüden. Oder, je nach Naturell des Kunden, sogar Aggressionen auslösen. Der koreanische Philosoph Byun-Chul Han hat dieses Servicegeheimnis sehr schön auf den Punkt gebracht:

Mit dem Skript nach Absurdistan

Bei technischen Hotlines oder im Telefonmarketing sind detaillierte Skripts Standard. Einerseits ist das sinnvoll, damit die Gespräche effektiv geführt werden. Andererseits werden die Gespräche gerade durch die hohe Verbindlichkeit der Skripts sehr anspruchsvoll – was Callcenter-Betreiber häufig übersehen. Mitarbeiter müssen empathisch sein, müssen mitdenken, brauchen eine ausreichend gute Bildung – und müssen unter Zeitdruck eine hohe Begegnungsqualität in Szene setzen. Gar nicht so einfach, wie folgende Beispiele zeigen. Im ersten Beispiel bricht unter der Systemstarre die Empathie zusammen. Und im zweiten Beispiel reicht die Bildung gar nicht aus, um das starre System überhaupt zum Laufen zu bringen.

Gestorben? Macht doch nichts!

Es ist schon fast sieben Jahre her, aber das Erlebnis ist mir so durch Mark und Bein gegangen, dass ich es hier noch einmal erzählen möchte (mit veränderten Namen):

> *Kurz vor Weihnachten war der Vater meiner Freundin Dagmar im Alter von 86 Jahren unerwartet schnell verstorben. Um mit ihrer Schwester einige Formalitäten vor Ort zu erledigen, verbrachten die*

beiden eine Nacht in seiner Wohnung in Frankfurt/Main. Um 7:45 Uhr (!) klingelte sein Telefon. Dagmar geht ran, weil sie denkt, es seien Freunde ihres Vaters und meldet sich mit: »Werner bei Hilborn.«

Daraufhin die Anruferin: »Guten Tag, hier spricht Chantal Gedankenlos von der Versicherungsgesellschaft XY. Könnte ich bitte Herrn Hilborn sprechen?«

Dagmar: »Ich bin die Tochter von Herrn Hilborn. Mein Vater ist leider vor drei Tagen verstorben.«

Chantal Gedankenlos macht eine kurze Pause, dann geht es weiter: »Ach so. Es geht um eine Zahnzusatzversicherung.«

Dagmar: »Ich habe Ihnen doch gerade gesagt, dass mein Vater vor drei Tagen verstorben ist.«

*Chantal Gedankenlos legt wieder eine kurze Pause ein. Dann rattert sie unbeirrt weiter: »**Ach so. Aber vielleicht brauchen ja Sie eine Zahnzusatzversicherung!?«***

Auch wenn wir am Wochenende über diese haarsträubende Geschichte schon wieder lachen konnten, an diesem Tag kurz vor Weihnachten standen Dagmar die Tränen in den Augen, und sie fragte Chantal Gedankenlos, ob sie noch ganz bei Trost sei.

Das ist das Ergebnis, wenn Mitarbeiter ohne jede Empathie und komplett ohne Sinn und Verstand Leitfäden abtelefonieren. Aus rein umsatzgetriebener Vertriebssicht hat die junge Frau sogar alles richtig gemacht: Sie ist wacker »drangeblieben«, auch als das Gespräch einen anderen Verlauf nahm als zunächst angenommen. Doch erfolgreiches Business ist eben mehr als Umsatz um jeden Preis: Mitarbeiter brauchen Zeit, um nachzudenken. Sie brauchen Offenheit im System, um angemessen handeln zu können. Und sie brauchen Konzentration und Empathie, um sich auch in schwierigen Situationen in ihr Gegenüber versetzen zu können.

Fakt ist: Die durchaus namhafte Versicherungsgesellschaft steht bei Dagmar jetzt auf der schwarzen Liste. Und es würde mich überhaupt nicht wundern, wenn ihr Vater auch Jahre nach seinem Tod weiterhin in der Akquisedatei des Unternehmens steht. Starre Systeme haben ein hohes Beharrungsvermögen. Leider nur überhaupt kein Begeisterungspotenzial.

Telefonieren Sie doch mal mit Gerbien!

Manchmal funktioniert das Skript der Callcenter-Agents, es bietet sogar genug Offenheit für empathische Gespräche – nur hat die Telefondame überhaupt keine Ahnung von ihrem Produkt. Da kann ich nur sagen: schlecht geschult! Ich erinnere mich noch zu gut an einen Anruf des Customer Care Centers meines Mobilfunkanbieters:

> *»Frau Hübner, wir haben festgestellt, dass Sie regelmäßig aus dem Ausland telefonieren. Wir haben dazu ein ganz neues Produkt, mit*

dem Sie Geld sparen können – eine Auslandsflat«. Ich: »Welche Län-
der beinhaltet der Tarif?« Sie: »Europäische Länder … ausgenommen

sind **Montegera,** **Gerbien** *– entschul-*
digen Sie bitte – Serbien und **Maldovien.***«*

Ich war ganz froh, dass meine Gesprächspartnerin nicht sehen konnte, wie sehr ich damit beschäftigt war zu verhindern, dass sich mein Schmunzeln in einen Lachanfall verselbständigte. Es war einfach köstlich. Dennoch: Hier fehlt Basiswissen! Eine kleine Nachhilfestunde in Geografie wäre wohl hilfreich gewesen. Die junge Dame wirkte trotz ihrer Ahnungslosigkeit so freundlich (Empathie bügelt vieles aus!) und das Angebot war so gut, dass ich den günstigeren Tarif trotzdem abschloss.

Mit System zum *standard of excellence*

Systemstarre erstickt jegliches WOW-Gefühl – das haben wir an genügend Beispielen gesehen, das kennen Sie aus Ihrem eigenen Alltag, das kennen zu Genüge auch aus den Geschichten, die sich über Systemstarre lustig machen: Sicherlich kennen Sie die legendäre Witzfigur »Buchbinder Wanninger« von Karl Valentin. Vielleicht auch die »Eheberatung« für Herrn und Frau Blöhmann von und mit Loriot, in der das Paar die »Grundformen des Kusses ganz neu erarbeitet«. Dies unter den gestrengen Augen einer völlig Empathie-freien Ärztin und mit Hilfe eines wippenden Plastikkopfs. All diese wunderbar katastrophalen Szenen finden sich heute glücklicherweise auf YouTube.

Auf der anderen Seite ist der komplette Abbau jeglicher Systeme auch keine Lösung. So, wie übermäßig zwanghaftes Abarbeiten von Prozessen nicht zu Serviceglück führen kann, führen auch zu viel Chaos und Regelbruch zu Servicekatastrophen. Wo es kein System gibt, da weiß auch eine Hand nicht, was die andere tut, vieles wird doppelt und dreifach gemacht. Ohne systematische Dokumentation bleibt der Kunde ein Unbekannter, und was im konkreten Fall unter exzellentem Service verstanden wird, ist auch keinem klar.

Von der Kunst, für Serviceglück Regeln zu brechen

Es ist eine Kunst, Systeme zu schaffen, die einerseits eine hohe Servicequalität garantieren, andererseits aber nicht zu einem starren Systemhorror führen, mit dem auch keiner glücklich wird. Genau an dieser Stelle kommen Hartmut Rosa, Professor für Soziologie an der Universität Jena und der derzeit wohl prominenteste Denker zum Thema »Resonanz«, und Michaela Pfadenhauer, eine der ersten Theoretikerinnen des Themas »Professionalität«, zu einem ganz ähnlichen Resultat:

Resonanz entsteht – in unserer Sprache wäre das ein authentischer, herzlicher Kontakt zwischen Kunde und Dienstleister – gerade nicht in einem perfekten System, auch nicht in »reiner Harmonie« und auch nicht außerhalb jeglicher, entfremdender Systemstarre. Sondern gerade in dem Moment, in dem ein Mensch ein starres System *durchbricht*: den Flug unbürokratisch doch noch umbucht, das Telefonmarketing-Gespräch unterbricht für aufrichtiges Beileid oder für ein entlastendes, gemeinsames Gelächter dann, wenn das Verlesen des Serviceskripts so richtig schiefgegangen ist (siehe »Gerbien und Maldovien …«). Rosa schreibt: »Resonanz entsteht also niemals dort, wo alles ›reine Harmonie‹ ist, und auch nicht aus der Abwesenheit von Entfremdung, sondern sie ist vielmehr gerade umgekehrt das Aufblitzen der Hoffnung auf Anverwandlung und **Antwort in einer schweigenden Welt.**«

Begegnungsqualität entsteht also genau in dem Moment, in dem die Gesprächspartner aus ihren starren Systemen – Skripten, Rollen, was auch immer – beherzt aussteigen. Und die »schweigende Welt« zum Klingen bringen.

Michaela Pfadenhauer hat schon um die Jahrtausendwende den Versuch unternommen, Professionalität als Kompetenzdarstellung zu beschreiben. Das heißt: als Drama. Mit festen Skripten für alle Rollenspieler. Wobei das Wort »Spieler« dabei den entscheidenden Unterschied macht. Wir sind in der heutigen Zeit eben keine »Rollenträger« mehr, sondern bewusste »Spieler« von Rollen. Dass wir unsere Skripte kennen, wird erwartet. Dass wir zugleich bewusst und distanziert *mit* diesen Rollen spielen, wird zum Zeichen von Kompetenz, von Autonomie, von Authentizität. Sogar zur Pflicht – weil ein allzu undistanziertes, unreflektiertes »Abspulen« einer Rolle heute sozial unerwünscht ist. Um nicht zu sagen: lächerlich wirkt. Unsere Welt ist zu komplex geworden und unsere Identitäten zu vielschichtig für die ganz einfachen Muster einer einzigen Rolle.

Wer eine Rolle überzeugend spielen möchte, muss diese Rolle verinnerlicht haben und gleichzeitig in der Lage sein, Abstand von dieser Rolle zu nehmen. Vielleicht sogar einen ironischen Abstand. Gerade diese Art von Humor kommt gut an, wenn

sie in einem sozial akzeptierten Rahmen bleibt. Das macht die Sache so fehleranfällig. Ich sage:

ORIGINALITÄT ALLEIN IST KEINE QUALITÄTSGARANTIE.

Starre Systeme untergraben Qualität

Der US-Soziologe Richard Sennett schreibt, »eine Arbeit um ihrer selbst willen gut
zu machen«, sei nicht weniger als »ein dauerhaftes menschliches Grundbestre-
ben«. Genau das höre ich auch von meinen Kunden: Mitarbeiter, die meisten jedenfalls, sehnen sich danach, ihre Arbeit richtig gut zu erledigen. Ich selbst war
viele Jahre lang an einer Spezialdruckerei beteiligt, und ich erinnere mich gut an
die Hingabe, mit der unsere Drucker die Werte der Farben, die Präzision der Linien
und die Qualität des Papiers prüften. Wie stolz sie waren, wenn ein Auftrag wirklich gut gelungen war und wie unglücklich, wenn ein Optimum einfach nicht möglich war. Insbesondere im Handwerk haben Mitarbeiter die Chance, echtes Material zu bearbeiten. Mehr noch: *zum Sprechen zu bringen*, wie es Hartmut Rosa
formuliert. Ich meine, er hat Recht: Wir brauchen nur einen passionierten Koch zu
beobachten, einen Bäcker, einen Schreiner oder uns selbst, wenn wir unser
»Handwerk« ausüben – was auch immer das ist. Irgendwann »antwortet« das Material. Irgendwann wird sogar das Instrument, wird die Maschine zu einem gefühlten Teil von uns selbst.

Eine Chance für den *standard of excellence*

In allem, was wir Menschen tun, lebt ein eigener *standard of excellence*. Wir haben ein sehr starkes Gespür dafür. Deshalb lieben wir »echtes« Brot vom Bäcker an der Ecke, deshalb empfehlen wir uns gegenseitig die besten Restaurants, deshalb schauen wir den Olympioniken bei ihren Disziplinen zu. Wir lieben es, wenn Menschen den *standard of excellence* erreichen – oder bei ihrem Tun die Latte sogar noch etwas höher hängen, als wir es für menschenmöglich gehalten haben. Und wir lieben es, wenn wir selbst etwas richtig gut geschafft und dabei unsere Selbstwirksamkeit gespürt haben.

Schnitt. Schauen wir in die Fabrikhallen einer Großbäckerei. Schauen wir in die Produktionsstraßen eines Schnellrestaurants oder in ein seelenloses Fitnessstudio. Hier suchen wir den speziellen, vibrierenden Draht zwischen Mensch und Material manchmal vergeblich. Wer in der Fabrik mit Teigklumpen hantiert, im Fastfood-Restaurant vorgestanzte Tiefkühlbouletten brät oder im Fitnessstudio die immer gleiche Bewegung ausführt, hat es tatsächlich schwer, einen inneren Kontakt zu seiner Tätigkeit aufrecht zu erhalten. Unter Arbeitsbedingungen, in denen nichts mehr individuell »verwirklicht« wird und wo es nur noch um Stückzahl geht, wird nichts mehr »zum Sprechen gebracht« – das Material nicht, und der Mitarbeiter auch nicht.

Immer mehr Unternehmen haben verstanden, dass genau die industriellen Servicesysteme, die die modernen Formen der Arbeit erst möglich gemacht haben, gleichzeitig der Grund dafür sein können, dass Exzellenz so schwer zu erreichen ist. Deshalb wird vielerorts versucht, mit ganz unterschiedlichen Maßnahmen wieder mehr Leben in die Arbeit zurückzubringen und eine neue Leidenschaft für Qualität zu entzünden.

Halten wir jetzt also fest: Technische Systemstarre kann den besten Service zunichtemachen. Serviceglück hat nur dann eine Chance, wenn ein Unternehmen trotz all seiner Buchungs- und Abrechnungssysteme für den Kunden *beweglich bleiben* kann. Wobei wiederum gilt: Viel hilft nicht automatisch viel. Zu viel Flexibilität führt zu Chaos. Und wenn ein Servicesystem zwar mit Vielerlei aufwartet, diese Fülle aber wenig durchdacht ist, bleibt Serviceglück ebenfalls aus. Richtig schlimm werden starre Systeme bei sturer Anwendung in Kundengesprächen: Hier führt die Kombination von schlechtem Serviceskript und von Geistlosigkeit befallenem Mitarbeiter zu wahrlich absurden Szenen. Insgesamt gilt: Zu starre Systeme schalten den Geist aus, verdrängen jegliche Lebendigkeit und untergraben damit die Qualität nicht nur im Service, sondern auch in der Produktion. Wer exzellente Leistungen will, muss Resonanz ermöglichen. Lebendigen Kontakt zwischen Menschen, Materialien und Maschinen in der Produktion. Und im Service lebendigen Kontakt zwischen Menschen und Systemen, vor allem aber zwischen Mitarbeitern und Kunden. Wo Lebendigkeit ist, da kann auch Begeisterung entstehen.

AUF DER SUCHE NACH EMPATHIE

Es gibt Menschen, denen Empathie in die Wiege gelegt ist. Andere haben keinen Zugang dazu. Sei es, weil sie aus einer (Multi-)Problemfamilie stammen, in der es so arg zuging, dass Empathie ein Fremdwort blieb. Oder weil sie unter einer psychischen Besonderheit leiden wie Autismus, Asperger oder ähnliches. Vielleicht auch, weil sie in ihrem Job derartig fehl am Platz sind oder die Unternehmenskultur derartig servicefeindlich ist, dass auch noch ihr letztes Fünkchen Empathie erlischt. Ich hoffe, dass das der Fall war bei einem meiner jüngsten Servicekatastrophen-Erlebnisse. Sonst müsste ich sagen: Ich hatte es mit einer wirklich abgrundschlechten Mitarbeiterin zu tun. Mit einer, die ich selbst keine Minute länger beschäftigt hätte:

Weil sich die von meiner Wohnung aus nächstgelegene DHL-Paketannahmestelle ausgerechnet in einem Sanitätshaus befindet, wartete ich vor einiger Zeit zwischen Einlagen, Gehhilfen, Rollatoren und Stützkorsetts geduldig in der Schlange, um meine Retoure abzugeben. Vor mir kam eine ältere Dame an die Reihe – in meinen Augen eine richtige »Grande Dame«, wie man sie nur noch selten sieht. Zugegeben: Sie beeindruckte mich. Die Dame brachte ein medizinisches Mieder in den

Laden zurück und sagt sehr höflich: »Leider passt es mir nicht.« »Was heißt, das passt nicht? Das wurde doch abgemessen!?«, blafft die junge Mitarbeiterin zurück. Sie geht hinter ihrem Rechner in Stellung und bellt weiter. »Name?« Sie tippt. »Geburtsdatum?« »10.9.« flüstert die Dame. Es war genau dieser Tag. Da mische ich mich einfach ein und strahle ihr spontan entgegen: »Einen ganz herzlichen Glückwunsch zu Ihrem Geburtstag!« Die Grande Dame lächelt dankbar. »Alles Gute dann«, sekundiert die Mitarbeiterin, weiterhin verschanzt hinter ihrem Rechner, ohne den Blick zu heben. »Ich kann jetzt nichts machen, ich kann nicht mit Ihnen in die Umkleide gehen, sonst räumen die mir hier den ganzen Laden aus«, kommt es hinter dem Monitor hervorgeranzt. Dann verlangt die Sanitätshaus-Verkäuferin mein Paket und verschwindet damit hinter den Kulissen. Erbost, aber auch ein wenig amüsiert dreht sich die ältere Dame zu mir und zu den anderen Paketkunden in der Schlange um, klemmt sich ihr unpassendes Mieder unter den Arm und sagt leise: »Sie glauben doch nicht, dass ich meinen Fuß noch einmal in diesen Laden setze, oder?« Dann gleitet sie hoch erhobenen Hauptes durch die Tür, schüttelt sich in der Sonne draußen das unangenehme Erlebnis ab und macht sich daran, aus ihrem Geburtstag das Beste zu machen, jetzt erst recht.

So zumindest sah sie für mich aus. Vielleicht wollte ich es auch so sehen, damit mich dieses Erlebnis nicht so entsetzlich traurig machte, wie es mich, wenn ich ehrlich bin, doch gemacht hat. Zum Glück sind derartig empathiefreie Begegnungen zwischen Mitarbeitern und Kunden nicht immer und überall auf der Tagesordnung. Manchmal passiert auch das Gegenteil: mehr Empathie als erwartet. Und das ausgerechnet zwischen Selbstbaumöbeln:

Vor nun fast vier Jahren richteten wir ein neues Büro hier in Düsseldorf ein. Unter anderem besuchten Michaela, eine unserer Mitarbeiterinnen, und ich ein schwedisches Möbelhaus, das Sie alle kennen. Ich dachte: »Nach zwei Stunden ist der Einkauf erledigt.« Wir brauchten sechs. Schließlich hatten wir alles bezahlt und orderten, weil wir erstens keine Heimwerker sind und zweitens das Büro in der vierten Etage ohne Aufzug liegt, das gesamte Dienstleistungspaket: Einkaufsservice, Lieferservice und Aufbauservice. Der junge Mann am Serviceschalter gibt den Auftrag in das System ein, und ich sage zu Michaela: »Ich habe so einen Hunger!« Nun, es ist inzwischen ja auch nach 15 Uhr. Michaela: »Mir hängt auch der Magen in den Knien«. Während wir uns über unseren leeren Magen unterhalten, zieht der junge Mann die Schublade auf, nimmt etwas heraus, schaut uns an, lächelt und fragt: **»Giotto?«** *Und gibt uns etwas von seinen privaten Süßigkeiten ab.*

Das ist Empathie. Eine Geste, die einen lächeln lässt und den Alltag zum Funkeln bringt. Ich habe schon vor einigen Jahren ein System entwickelt, mit dem sich die Entwicklung von Empathie in vier Stufen erklären lässt. Dieses System verwende ich in allen Beratungen und Seminaren – und es zeigt sich in der Praxis immer wieder, dass ich mit meiner These zu den vier Stufen genau richtig liege:

Konzentration.

Wahrnehmung.

Kreativität.

Mut.

In unserem Fall stellten sich die vier Stufen so dar:

1. **Konzentration.** Der junge Mann war nicht abwesend, sondern aufmerksam.
2. **Wahrnehmung.** Er hat unserem Gespräch nicht nur gelauscht. Er hat hingehört.
3. **Kreativität.** Er hatte spontan einen Einfall für eine persönliche Geste.
4. **Mut.** Mit das Wichtigste: Er traute sich, seine Idee beherzt umzusetzen.

Jede dieser Stufen lässt sich durch die richtigen Maßnahmen begünstigen und entwickeln: Konzentration ist oft eine Frage der Organisation. Wahrnehmung lässt sich trainieren. Kreativität erwächst aus dem Spirit eines Unternehmens. Und mutig werden Mitarbeiter, wenn sie erleben, dass sie etwas zurückbekommen: Ansehen bei ihren Kunden oder die Zuwendung ihrer Chefs. Und das bedeutet wiederum für Führungskräfte: Wertschätzung bei Gelingen und vor allem das richtige Coaching, wenn eine Aktion einmal daneben geht.

Serviceglück ist Resonanz

Leider ist Resonanz in unseren Breitengraden oft unterentwickelt, weggedrückt oder gar nicht vorhanden. Das liegt an unserer Technik- und Kulturgeschichte: Im Laufe der Moderne haben wir Wissenschaft und Wirtschaft immer mehr »durchrationalisiert«. Was an Empathie übrig war, haben wir in die Schubladen »Mitarbeitergespräch« oder »Kundenansprache« gesteckt mit dem Ziel, auch diese Gefühle in ein Schema zu pressen.

Es gibt sie noch, die Charmebolzen

Umso mehr freuen wir uns, wenn uns in unserem effizienten, kühlen Wirtschafts-system plötzlich echte Menschen begegnen:

Nach einem Vortrag erzählte mir ein Unternehmer aus dem Elektrohandel: »Ich habe einen Monteur, der unheimlich gut ankommt – ein echter Charmebolzen und mein bester Verkäufer! Es gibt kaum eine Installation, bei der er nicht noch im Vor-beigehen zusätzliche Dinge mitmacht und den nächsten Auftrag direkt mitbringt.« Meine Mutter wiederum schwärmt von »ihrem« Miro, der vom Heckenschneiden bis zum Einbau der Fensterfront alles wunderbar erledigt und so ein netter Kerl ist. Und Hannes, der sympathische Bruder meiner Freundin Monika, machte sich kürz-lich mit »Haus- und Gartendienstleistungen« selbstständig und wird mit Aufträgen derart überhäuft, dass er bereits seinen ersten Mitarbeiter einstellen »musste«.

Legendär ist auch Ulrike Schwerdhöfer, die seit 43 Jahren an Kasse zwei im Rewe-Markt Neu-Isenburg sitzt, und der die *FAZ* kürzlich ein Denkmal setzte: »Sie weiß von Beziehungen, Trennungen, Scheidungen, Jobverlusten. Manchmal ist Schwerd-höfer eine Seelentrösterin, die ihren Kunden in Notfällen auch mal beruhigende Whatsapp-Nachrichten schreibt, mit ihnen privat einen Kaffee trinken geht, zuhört und sagt: Das wird schon wieder.« (*FAZ* vom 4.11.2016) Gerne erlaubt sie sich auch mal einen Scherz. Als ein junges Pärchen nur Kondome und eine Flasche Cola kaufte, fragte sie: »Was esst ihr denn heute Abend? Das ist aber nicht genug!« Daraufhin holten die beiden noch ein paar Salzstangen.

Kunden wollen Service! Aber nicht solchen, der so perfekt durchorganisiert ist, dass Mitarbeiter auftreten wie dressierte Zirkuspudel. Kunden wollen emotional berührt werden. Authentisch. Kunden suchen sympathische Profis, denen sie Haus, Garten und Maschinen anvertrauen können. Sie suchen den persönlichen Touch in kleinen Dingen. Ehrliche Gespräche von Mensch zu Mensch. Aufrichtigen Blickkontakt. Resonanz! Gesten, die ein echtes Interesse des Anbieters zum Ausdruck bringen, die vereinbarte Arbeit gut zu machen. Vielleicht sogar meisterhaft. Nicht nur, um den gemeinsamen Vertrag zu erfüllen, sondern aus Leidenschaft für den jeweiligen *standard of excellence*, der sich in der Aufgabe verbirgt.

Genau das ist für mich **Begegnungsqualität.**

Und die ist viel wichtiger und viel wirksamer als der Preis, den ein Service kostet, und als nur die Geschwindigkeit, mit der eine Serviceleistung erbracht wird.

Die amerikanische Bürgerrechtlerin Maha Angelou sagte einmal: »Menschen vergessen, was du gesagt hast. Menschen vergessen, was du getan hast. Aber Menschen vergessen niemals, wie du sie hast fühlen lassen.« Weil sie – und das gilt besonders für Kunden – eine hohe »Resonanzerwartung« haben. Ich sage: eine »Serviceglück-Erwartung«. Sind die Serviceprozesse dann so schlecht organisiert, der Zeitdruck so vordergründig und der Druck der Kennzahlen so hoch, dass Mitarbeiterinnen und Mitarbeiter gar keine Chance haben, die Kundenerwartungen zu erfüllen, dann ist das doppelt verhängnisvoll. Denn nicht nur die Kunden sind enttäuscht über das ausbleibende Serviceglück. Sondern auch alle, die einen hohen Anspruch an die eigene Arbeit stellen.

Unzufriedene Mitarbeiter begeistern keine Kunden. Nur glückliche Mitarbeiter machen Kunden glücklich. Ich sage:

BEIM SERVICEGLÜCK ZÄHLT DAS WIE MEHR ALS DAS WAS.

Meine These ist, dass Serviceglück nur dann entsteht, wenn Zeit und System und Empathie ineinandergreifen. In dieser Gleichung fehlt uns allerdings noch ein Zwischenstück. Richtig ist: Mit Zeit, System und Empathie ist eine hohe Begegnungsqualität möglich. Eine besondere Art der Beziehung zwischen Kunde und Dienstleister. Und diese *Beziehung* ist es, die letztendlich beglückend wirken kann. Wie Liebe.

Allerdings nur dann, wenn die beiden Menschen, die sich in diesem Servicemoment gegenüber stehen, in der Lage und mutig genug sind, eine solche – ja: intensive! – Beziehung herzustellen. Das kann nicht jeder. Und deshalb ist die Sache mit dem Serviceglück auch so herausfordernd. Darüber mache ich mir fast täglich Gedanken.

Auch Roboter können Resonanz erzeugen

Wenn mich vor einer Dekade jemand gefragt hätte, ob ich eines Tages gerne mit einem Roboter scherzen würde, hätte ich ihn für verrückt erklärt. Doch genauso ist es gekommen: Bots wie die im Apple-Smartphone wohnende »Siri« gehören heute zum Alltag. Mancher entdeckt ihre humorvolle Seite durch Zufall:

> *User: »Test Test Test Eins Zwei Drei«. Siri: »Ich wurde eigentlich schon gründlich getestet.« Der User, zunächst verwundert, dann rasch Mut fas-*

send: »Siri, willst du mich heiraten?« Siri: »Wir kennen uns doch kaum.«
User: »Bitte heirate mich.« Siri: »Lass uns einfach Freunde sein, ok?«
User: »Du bist doof.« Siri: »Aber … aber …« User: »Siri, sag mir was
Schmutziges.« Siri: »Humus. Kompost. Schlamm. Schotter. Bimsstein.«

Man kann Stunden damit zubringen, Siri kurzweilige Antworten zu entlocken. Haben Sie Siri mal gefragt: »Wie macht der Fuchs?« Eine tiefere Bedeutung hat das Ganze nicht, macht aber so viel Spaß, dass genau darin der Sinn liegt.

Siri kann Resonanz.

Worunter Empathie begraben liegt

Wenn es nicht klappt mit der Empathie, hat nicht immer der Dienstleister einen Fehler gemacht. Oft hat auch der Kunde oder der Gast seine Antennen abgeschaltet, und deshalb wird es dann schwierig mit der herzlichen Begegnung. Vor allem in Deutschland. Denn: »Der deutsche Kunde hat die höchsten Ansprüche der Welt.« Zu diesem Ergebnis ist die internationale Studie »Global Consumer Pulse Research« der Unternehmensberatung Accenture über das Verhalten von Konsumenten in unterschiedlichen Märkten gekommen.

Accenture hatte im Juli und August 2014 knapp 24 000 Konsumenten in 33 Ländern befragt, davon rund 1 200 in Deutschland. Fazit: Die Verbraucher in Deutschland verhalten sich wie Diven! Nein, so hat die Beratung es nicht formuliert, in der Studie wird von »verwöhnt« gesprochen. Jedenfalls erwarten deutsche Kunden auf allen Kanälen Tempo, Kompetenz, schnelle Problemlösungen und günstige Preise. Und sie sind besonders schnell gefrustet, wenn es einmal nicht so läuft wie erwartet. Bei Servicefrust wechseln hiesige Kunden schnell den Anbieter – und kommen meistens nicht mehr zurück. »Die Deutschen erwarten in allen Dimensionen signifikant mehr von ihren Anbietern als Kunden in anderen Märkten, um zufrieden zu sein«, fassen die Autoren zusammen.

Hart genug für die Anbieter, aber es kommt noch härter. Denn ein weiteres Ergebnis der Studie lautet: »Das Frustrationsniveau ist in Deutschland im vergangenen Jahr gestiegen.« 87 Prozent der befragten Kunden in Deutschland beschwerten sich über falsche Versprechungen der Anbieter, 83 Prozent waren enttäuscht über den Datenschutz, 80 Prozent klagten über unqualifizierte Mitarbeiter, 59 Prozent fanden die Vertriebswege mangelhaft.

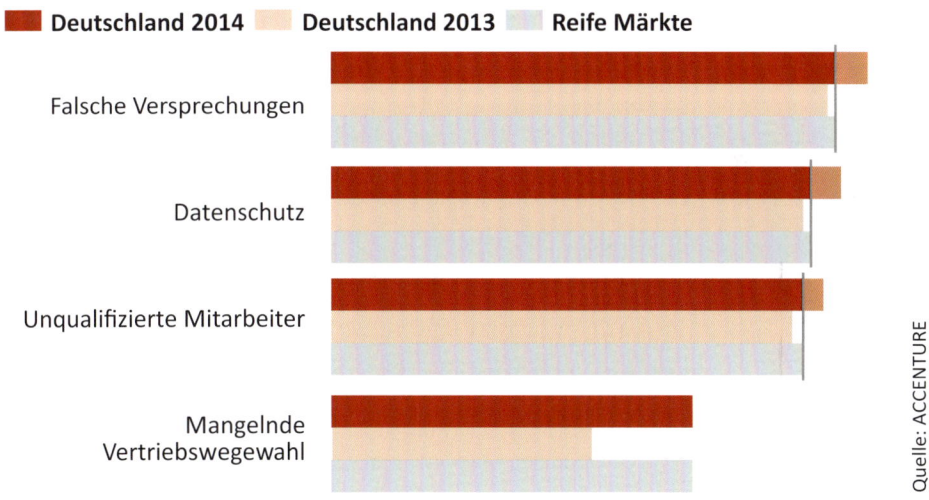

Abbildung 2: Frustrationsniveau in Deutschland

Was ist da los? Ich habe den Eindruck, dass sich hier ganz unterschiedliche, vielleicht sogar typisch deutsche, vielleicht auch einfach typisch modern-menschliche Herausforderungen zu einem großen Serviceunglücksgefühl vermischen.

- Überspannte **Glückserwartung**: Service ist Service. Und Liebe ist Liebe. Und Paradies ist Paradies. Gut: Herzlicher Service kann sich anfühlen wie eine Liebeserklärung, Wellness kann sich ein wenig anfühlen wie Garten Eden, letztendlich ist alles aber immer noch eine professionelle Dienstleistung. Und wir sind hier auf Erden. Wenn Kunden mit überhöhten Ansprüchen in eine Geschäftsbeziehung eintreten, kann gar nichts anderes passieren als Enttäuschung
- **Unflexible Fixierung**: Eine weitere Herausforderung sind Kunden oder Gäste, die sich eine Dienstleistung auf eine ganz bestimmte Weise vorgestellt haben und für die es eine Katastrophe darstellt, wenn die erwünschte Dienstleistung auch nur einen Millimeter von ihrer Vorstellung abweicht. Die Hospitality-Branche kann ein Lied von solchen Kunden singen: Wehe, wenn der Himmel nicht strahlend blau und der Sonnenuntergang nicht einhundert Prozent romantisch war. Dann hagelt es auf den Rezensionsplattformen Kritik, die sich gewaschen hat. »Jede Form der Fixierung (…) verschließt den Zugang zum Augenblick, die Gelassenheit hingegen öffnet ihn. Der Achtsame lässt ab von Dingen, die sich seiner Verfügungsgewalt entziehen (…)«, notiert Svenja Flaßpöhler klug in der Zeitschrift *Philosophie* mit dem Schwerpunktthema »Augenblick, verweile« (5/2016). Wir können es auch einfacher sagen: Je größer der Abstand zwischen Wunsch und Wirklichkeit, desto unglücklicher der Kunde. Leider hat der Dienstleister nur Einfluss auf die gelieferte Wirklichkeit, nicht aber auf den manchmal überspannten Wunsch.
- **Inszenierte Egozentrik**: Wir leben in einer Zeit, in der die Performance des Einzelnen immer mehr in den Vordergrund tritt. Es ist nicht mehr so wichtig, ob

man aus »guter Familie« stammt, ob man die Bibel gelesen hat, Goethe, Seneca und Brecht zitieren kann und ein wenig Beethoven zu klimpern in der Lage ist. Heute zählt vielmehr, ob es mir gelingt, im richtigen Moment den richtigen Markenmix zur Schau zu tragen. Denn über meine Ausstattung mit Schuh, Tasche, Gürtel, Brille und so weiter signalisiere ich eine bestimmte Zughörigkeit. Nicht nur ich – wir alle tun das. Hand aufs Herz: Wir suchen sogar unseren Rechtsanwalt, unseren Friseur und unseren Zahnarzt danach aus, ob wir das Interior Design als kongruent mit unserem eigenen Geschmack empfinden. Geschmack, und dieser transportiert über ein bestimmtes Set an Marken, ist die neue Bildung. Das Konsumbürgertum ist das neue Bildungsbürgertum. Sage nicht nur ich, das sagen zahlreiche aktuelle Studien.

- Vor diesem Hintergrund kommt es nun vor, dass Kunden oder Gäste eine Dienstleistung wie etwa einen Aufenthalt in einem Markenhotel oder ein Golfturnier auf Einladung einer Marke nicht zuallererst deshalb in Anspruch nehmen, weil sie ein echtes Interesse an einer Beziehungsqualität zwischen sich selbst und dem Unternehmen haben – sondern weil die Inanspruchnahme des speziellen Service zum Teil der eigenen Lebensinszenierung gehört. Das Von-anderen-gesehen-werden ist manchen Kunden wichtiger als der Service selbst. Deshalb ist es möglich, dass Mitarbeiter solche Gäste emotional nicht erreichen. Keine Chance haben.

Ich muss an dieser Stelle an Selfies denken: Das Selfie ist nicht nur die moderne Art der Selbstbespiegelung – Narziss lässt grüßen –, das Selfie wird vielen heute wichtiger als das Selbst. Aber das ist ein anderes Thema. Versuchen wir an dieser Stelle etwas anderes: Lassen Sie uns die bisherigen Erkenntnisse in eine Matrix gießen.

DIE SERVICEGLÜCK-ROLLENMATRIX

Als wichtige Serviceglücksbringer haben wir bisher ermittelt: das richtige Maß an Zeit, ein kluges System und die Fähigkeit zu Empathie. Setzen wir Zeitdruck und Systemstarre in eine Matrix, kommen wir zu vier verschiedenen Servicerollen-Klischees:

ZEIT	Service-Superhero	Highspeed-Service-Robo
Hoher Zeitdruck	**Erwartete Empathie**: hoch **Beispiel**: Ärzte, Pflegeberufe, Lehrberufe, Entscheider in Wirtschaft und Politik, Rettungskräfte	**Erwartete Empathie**: gering **Beispiel**: Systemgastronomie, Logistikdienstleister, Discountkasse
	Service-Friend/-Lover	Service-Cyborg
Kaum Zeitdruck	**Erwartete Empathie**: hoch **Beispiel**: Hochpreisige Hotellerie und Gastronomie, Beratung und Coaching, Stylisten, Friseure, Masseure	**Erwartete Empathie**: gering **Beispiel**: Callcenter, Low-Budget-Hotelrezeption, Sicherheitsdienste
SYSTEM	Offen	Vorgegeben bis starr

Ich habe die Servicerollen absichtlich bis ins Klischee überzeichnet, um die mehr oder weniger hohen Erwartungen herauszustellen, die von Kundenseite an diese Mitarbeiter herangetragen werden, und die für die Rollenträger sehr herausfordernd sein können.

Service-Superhero:

Ein Blick in die Medien genügt: Wir lieben es, wenn wir die großen Männer (meistens sind es Männer) auf der Weltbühne bewundern können wie Superhelden: Steve Jobs, Richard Branson und Elon Musk finden wir toll! Ärzte werden zu lebensrettenden Popstars. Die Welt ist extrem komplex – da setzen wir unsere Hoffnungen gerne auf die eine, große Figur, die das Ruder herumreißen soll. Und das in einer Performance, für die es kein Skript gibt, und die den Helden zur permanenten Improvisation unter höchstem Zeitdruck zwingt. Unsere Glückserwartung ist sehr hoch, bei arg begeisterten Fans leidet sogar irgendwann die Fähigkeit, die Macht ihrer Helden überhaupt noch realistisch einschätzen zu können. Damit ist die Gefahr der Enttäuschung ebenfalls sehr hoch. Das setzt die vermeintlichen Superheros unter starken Erfolgsdruck – wobei mancher auf seinem Weg von Erfolg zu Erfolg genauso die Bodenhaftung verlieren kann wie seine Fans.

Die größte *Herausforderung* dieser Servicehelden besteht darin, auf dem Teppich zu bleiben und sich bei allem Zeitdruck die Fähigkeit zur Empathie zu bewahren, zum aufmerksamen Zuhören, zum Kontakt auf Augenhöhe, zum besonnenen Entscheiden. Wenn es gelingt, trotz ihrer Erfolge in der zurückhaltenden Haltung des Dienstleisters zu bleiben, springt der Funke über. Glücksgefühl!

Service-Friend/-Lover:

Das ist eine schwierige Rolle und deshalb habe ich es auch offen gelassen, ob Sie sich hier lieber einen Freund oder einen Lover vorstellen wollen. Es funkt, wenn für die Begegnung zwischen Ihnen und »Ihrem« Key-Accounter, Unternehmensberater, Golflehrer, Friseur, Stylisten oder Coach gefühlt »ganz viel Zeit« zur Verfügung steht und es ihrem Gegenüber gelingt, innerhalb des weitgehend offenen Serviceskripts ein dreifaches Glückserlebnis zu servieren: Erstens einen ästhetisch hochwertigen Serviceprozess mit hoher Begegnungsqualität, dies, zweitens, vor dem Hintergrund übereinstimmender Wertvorstellungen, und drittens mit einem relevanten Erfolg für Sie.

Für Service-Friends/-Lovers besteht die größte *Herausforderung* in der Gratwanderung zwischen professioneller Distanz und authentischer Freundschaft. Eine »aalglatte Kälte« wird vom Kunden genauso abgelehnt wie anbiedernde *cheesiness,* kurz: plumpe Anmache. Die geht meiner Einschätzung nach immer nach hinten los, ganz gleich, ob sie von einem Friseur kommt oder von einem Arzt. Genau das ist aber die Gefahr, wenn viele Begegnungen über einen längeren Zeitraum zu einer falsch verstandenen Vertrautheit führen. Die große Chance für Serviceglück öffnet sich für alle mit dem richtigen Fingerspitzengefühl. Wobei gilt: Wer das nicht hat, kann es durchaus lernen. Es schadet auch nicht, zwischendurch immer wieder mal die Rollen zu klären. Nicht, dass es noch zu Liebeskummer auf Kundenseite kommt …

Highspeed-Service-Robos in *low-interest*-Situationen haben den schwersten Stand unter den Mitarbeitern. Sie stecken fest in einem Korsett aus extrem hohem Zeitdruck und extrem starren Servicesystemen. Für Mitarbeiter in der Systemgastronomie oder in Kaffeeketten trifft das häufig zu, außerdem für solche an Discountkassen und für die zahllosen Paketauslieferer, die seit dem durchschlagenden Erfolg von Online-Shopping praktisch Tag und Nacht für ihre Kunden auf Achse sind. Diese Menschen arbeiten in einigen Fällen unter durchaus zweifelhaften Arbeitsbedingungen und mit nur rudimentären Sprachkenntnissen. Obendrein haben ihre Kunden praktisch keine Erwartung an ihre Empathie. Sie stellen von sich aus zumeist keine Resonanz her: Es soll eben schnell

gehen an der Kasse, der Paketbote stört das Privatleben und das Warten auf den schnellen Coffee-to-go dauert eigentlich immer zu lange. Hier ist Frust vorprogrammiert, und zwar auf beiden Seiten: bei Mitarbeitern und bei Kunden.

Und das ist die *Herausforderung*: Obwohl die Highspeed-Mitarbeiter sowohl von ihrem Servicesystem als auch von den Kunden behandelt werden wie Roboter, sollten sie – so meine Überzeugung – im Kundenkontakt idealerweise empathisch und zugewandt agieren. Das Ergebnis: Der Kunde sagt WOW! Und dieses Feedback wirkt positiv auf die gestressten Mitarbeiter zurück.

Service-Cyborgs habe ich so genannt, weil sie zwar nicht so unter Zeitdruck stehen wie die Highspeed-Service-Robos, aber derartig festgezurrt sind in ihren technischen und prozessualen Systemen, dass sie mir oft vorkommen wie Teile der Maschinerie. In der Regel haben sie eine einfache Ausbildung, besser: Schulung, hinter sich und spulen als Callcenter-Mitarbeiter, als Berater für eher einfache, standardisierte Finanz- und Versicherungsfragen oder beim Security-Check im Flugverkehr ihre Skripts ab. Diese sind oftmals so langweilig, dass sie das Denken einstellen und auch ihre Fähigkeit zur Empathie. Da auf Kundenseite bei derartigen Servicekontakten eine eher geringe bis überhaupt keine Empathie erwartet wird, kommt es zumeist auch nicht zu einer nennenswerten Begegnungsqualität.

Das genau ist die Herausforderung für diese Mitarbeiter. Und zugleich auch die Chance: Wem es gelingt, trotz und innerhalb der starren Systeme mit Serviceglück Funken überspringen zu lassen, dem ist das WOW! auf Kundenseite sicher. Ausufernder Small Talk muss dabei gar nicht sein – Zugewandtheit, Konzentration und hin und wieder ein freundlicher »Spruch« im genau richtigen Moment machen den Unterschied. Auch für den Mitarbeiter.

FAZIT_2

Serviceglück hat es schwer. Unter Zeitdruck kommt es zu Fehlern, Mitarbeiter verlieren buchstäblich den Verstand. Schlimmstenfalls entwickeln sie eine zynische Arbeitshaltung, die Serviceglück unmöglich macht. Auch der Kunde verliert unter permanentem Zeitdruck seine Glücksfähigkeit. Die Entwicklung unseres chronischen Zeitdruckgefühls geht bis zur Reformationszeit zurück, als Zeitverschwendung als schlimme Sünde galt. Sie setzte sich während der Industrialisierung fort und ist heute fest verknüpft mit unserem Leistungsideal.

Servicesysteme machen in größeren Unternehmen eine sinnvolle Arbeit erst möglich, gleichzeitig sind diese Systeme die Quelle für geradezu absurde Servicekatastrophen. Die Tücke steckt in den technischen Prozessen, in der Dosis und der Gesamtzahl der angebotenen Services, letztendlich aber vor allem in der Anwendung der Systeme durch die Mitarbeiter. Wer nicht verstanden hat, wie's geht, der kann auch kein Serviceglück bringen. Und wer keine Lust auf Service und sich dem Superschneckentum verschrieben hat, für den bleibt auch Kundenbegeisterung eine Fremdheitserfahrung.

Ohne Empathie keine Resonanz, und ohne Resonanz kein Serviceglück. Je »roboterhafter« die Servicerollen sind, in denen sich Mitarbeiterinnen und Mitarbeiter wiederfinden, desto weniger Funken springen über. Sehr unerfreulich für Kunden, aber auch ein echter Verlust für die Mitarbeiter in diesen Rollen.

Serviceglück geht aber trotzdem. Das genau ist die Chance: Auch Mitarbeiter, die eng in technische Systeme eingebunden sind oder unter hohem Zeitdruck arbeiten müssen, *können* kurzfristig aus der Roboterrolle aussteigen, wider Erwarten Resonanz herstellen und WOW-Momente zaubern! Hochbezahlte Experten aus Politik, Wirtschaft und Medizin *können* Distanz zu ihrer vermeintlichen Superheldenrolle schaffen und auf diese Weise überspannte Serviceenttäuschungen verhindern. Und persönliche Servicehelden *können* immer wieder distanzierende Rollenklarheit schaffen, oder aber die professionelle Beziehung öffnen in Richtung authentische Freundschaft. All dies mit Konzentration auf den Kunden, mit präziser Wahrnehmung dessen, was den Kunden jetzt und hier begeistern könnte. Vor allem aber mit viel Fantasie und noch mehr Mut.

Erstaunlicherweise können nicht nur Mitarbeiter eine wunderbare Begegnungsqualität herstellen – es werden auch immer mehr kommunikationsfähige Roboter programmiert, die menschliche Resonanzfähigkeit simulieren. Sie »leben« in unseren Smartphones, Apps und Lautsprechern. Sie nehmen Bestellungen auf und scherzen mit uns. Mit erstaunlichem Erfolg.

Im nächsten Kapitel sehen wir, was Unternehmen tun können, um ihre Servicehelden beim Glückbringen zu unterstützen.

SERVICE IN ZAHLEN

Bestnote 1,78 für höchste Kundenzufriedenheit bekamen in Deutschland die Optiker (2015).

4 x mehr Ertrag zurück bringt jede Investition in die Kundenzufriedenheit (ServiceRating).

30,25 Milliarden Euro Umsatz erwirtschafteten deutsche KFZ-Servicebetriebe im Jahr 2015 (Statista).

4,3 Minuten lang müssen Kunden durchschnittlich am Kundentelefon warten, wenn sie die Hotline eines Telekommunikationsanbieters anrufen. Im Handel sind es nur 1,8 Minuten (Statista).

3_SERVICEGLÜCK IST HAPPY END MIT ECHTEN HELDEN

Zeitdruck frisst Serviceglück, Systemstarre frisst Serviceglück und Empathielosigkeit frisst ebenfalls Serviceglück. Was braucht es nun also, um Serviceglück aufblühen zu lassen? Sind wir mit dem Dreiklang aus mehr Zeit, klügeren Systemen und höherer Empathie schon am Ziel? Ich meine: Das ist der richtige Weg, aber wir brauchen noch viel mehr. Damit der Kunde überhaupt merkt, dass wir uns um Service für ihn bemühen, braucht er zu allererst einen besonderen Rahmen. Eine *Bühne*! Um den Service als solchen spüren, erleben und sich an ihn erinnern zu können, braucht er zweitens eine gute *Servicestory*: mit Auftakt, Höhepunkt, Spannung und Schlusspointe. Drittens braucht er *Servicehelden*, die für ihn Zeit schaffen, Systeme aushebeln und Empathie gerade da herstellen, wo er am wenigsten damit rechnet – hier ist er also, unser Dreiklang. Damit es zwischen dem Kunden und dem Unternehmen schließlich zu einem gemeinsamen Serviceerlebnis mit WOW-Effekt kommt, muss – last, but not least – eine gemeinsame *Haltung* deutlich werden. Das ist des Pudels Kern: Denn nur dann, wenn die Wertvorstellungen beider Seiten übereinstimmen, wird eine *begeisternde* und *sinnvolle*, gemeinsame Servicegeschichte möglich. Im Idealfall eine, die den Kunden so berührt, dass er sie in seinen Netzwerken teilt.

BÜHNE FREI

Zu einem beglückenden Service gehört ganz zentral die Inszenierung. Ich sage ganz bewusst: Inszenierung, denn Service ist nicht nur ein wichtiger Bestandteil jedes Business. Service ist mehr: Service ist Theaterkunst.

Das ist in zahlreichen Studien untersucht und bestätigt worden und lässt sich ganz leicht nachvollziehen, wenn man vom Gegenteil ausgeht: von einer gewöhnlichen Verkehrsampel zum Beispiel, an der Sie sich die Beine in den Bauch stehen, bevor Sie endlich rüber zu Ihrem Lieblingscafé gehen dürfen. Ampeln sind in Ihrem Leben so alltäglich, dass Sie diese gar nicht als besondere Serviceleistung Ihrer Stadt wahrnehmen. Ampeln sind einfach da. Sie nerven eher, weil man warten muss. Inspiration, Imagination oder Reflexion lösen sie eher nicht aus.

Vom Zauber der Atmosphäre

Ganz anders empfinden wir, wenn wir eine Dienstleistung in Anspruch nehmen. Besonders dankbar sind wir für guten und menschlichen Service in Situationen, die uns keine Wahl lassen, zum Beispiel in der Ambulanz einer Klinik. Wirklich wundervoll wird Service, wenn wir ihn nicht in Anspruch nehmen »müssen«, sondern wenn wir ganz gezielt danach suchen und ein Erlebnis nach allen Regeln der Servicekunst für uns inszeniert wurde.

Sagen wir: Sie besuchen Ihr Lieblingscafé. Schon auf dem Weg dorthin freuen Sie sich auf den wunderbaren Geruch von frischem Kaffee, Sie freuen sich auf die Musik und die schöne Einrichtung, auf die bekannten Stimmen und Gesten, auf die herzliche Begrüßung und den freundlichen Abschied. Was Sie im Café suchen, ist eben nicht nur ein Gefäß mit 200 Millilitern Heißgetränk, sondern die gesamte Caféatmosphäre. Die komplette Inszenierung. Weil dieses »Drama« Sie in einer besonderen Weise »berührt und betrifft«, so formuliert es der Gießener Philosoph Martin Seel in seinen Überlegungen zur Ästhetik des Erscheinens (2003). Und zwar deshalb, weil Sie sich in Ihren »Lebensvorstellungen und Lebenserwartungen« angesprochen fühlen. Heißt: Sobald Sie in Ihrem Lieblingscafé vor Ihrem Lieblingsgetränk sitzen, fühlen Sie sich rückgekoppelt an das, was Sie im Innersten berührt, an Ihre eigenen Wertvorstellungen, an Ihre Biografie – vielleicht auch an Ihre Idealvorstellungen von sich selbst. »Hier passe ich hin, so bin ich.« Fühlt sich gut an. Nach Glück. Stimmig.

Wirklich gelungenen Serviceinszenierungen gelingt ein Brückenschlag an das, was wir an tiefem, häufig gar nicht bewusstem kulturellen Wissen mit uns herumtragen. Die Cafékultur ist hier ein besonders schönes Beispiel. Blenden wir zurück ins 19. Jahrhundert: Die Bohème trifft sich in Wien, Paris, Berlin in Cafés, debattiert über Politik und Kunst, reflektiert Geschichte, ersinnt Revolutionen. Springen wir ins 20. Jahrhundert: Es sind Cafés, in denen die Rollkragenfiguren des Existenzialismus, Sartre, de Beauvoir und Co., Konturen gewinnen – und später dann ... Harry Potter. Und dann das 21. Jahrhundert: Wieder spielen Cafés eine Hauptrolle. Es sind die Orte, in denen die neue digitale Bohème über Disruption debattiert – und hier auch gleich die passenden Businesspläne in die Smartphone-Apps tippt.

»Das Bewusstsein für Atmosphären aktiviert ein Wissen um kulturelle Bezüge, in denen ihre Wahrnehmung steht«, schreibt Martin Seel. »Außerdem schließt es häufig Akte der Imagination mit ein, in denen zugleich eine *andere* Gegenwart fantasiert oder in Erinnerung gerufen wird.« Eine »*andere* Gegenwart« meint: Sie und ich im Café sind viel mehr als nur Sie und ich, hier und heute im Café. Wir sitzen in diesem Moment zugleich auch als Harry-Potter-Autorin vor dampfendem Galão in Portos bekanntestem Jugendstilcafé *Majestic*, wir sind Start-Up-Gründer mit Latte in Berlin, wir sind Espresso-Intellektuelle am Pariser *rive gauche*, wir sind Grande Dame in Wien, wir sind eingebettet in eine lange, wunderschöne Geschichte.

Genius Loci: Der Ort macht die Musik

Das ist der Grund, warum wir Service am meisten lieben, wenn er an besonderen Orten – ich sage bewusst – *zelebriert* wird. Vor einigen Jahren war ich in Maastricht. Die Stadt an sich ist schon außergewöhnlich hübsch. Beeindruckt hat mich aber vor allem der »Boekhandel Dominicanen« (www.libris.nl/dominicanen). Der Buchladen hat seinen Ort gefunden in einer riesigen, 700 Jahre alten Dominikanerkirche. In mir brachte diese Kombination gleich zwei Saiten meiner Biografie zum Klingen, die in mir besonders starke Emotionen auslösen. Ich komme aus dem katholischen Österreich und habe in meiner Kindheit und Jugend an nicht allzu vielen, aber doch an einigen kirchlichen Festen teilgenommen, die, das muss man der Kirche lassen, wirklich ganz hervorragend inszeniert waren: Düfte und Farben,

Klänge, Glücksversprechen und Gemeinschaftsgefühl – die Katholiken können das. Und dann: Bücher! Auch wenn mir zumeist die Zeit dafür fehlt, liebe ich es doch, in Buchhandlungen zu stöbern und dicke Wälzer zu schmökern. Ich habe, es ist schon eine Weile her, Sprachen studiert. Da bleibt die Lektüre des einen oder anderen Buches nicht aus. Also: Kirche und Kindheit, Bücher und Studienzeit – das löste bei mir eine Flut an positiven Emotionen aus. Da war es gar nicht so wichtig, dass meine Kenntnisse des Niederländischen gegen Null gehen und ich mit den dargebotenen Büchern eigentlich gar nichts anfangen konnte.

Ein Blick auf Plattformen wie *TripAdvisor* zeigt ganz deutlich: Besonders empfohlen werden eben die Buchhandlungen, die Friseure, die Cafés und Restaurants, die exzellente Begegnungsqualität an einem schönen Ort zelebrieren. Das kann ein ganz modernes Gebäude sein – sehr häufig aber punkten die Unternehmen am allermeisten, die ihren Service mit einem historischen *Genius Loci* in Verbindung bringen.

Wir sehnen uns so arg nach authentischen Orten, weil unsere Welt heute so massiv durchsetzt ist mit anonymen Nicht-Orten (eine wunderbare Wortschöpfung des französischen Ethnologen und Anthropologen Marc Augé). Jeder von uns kennt sie, und ein besonders zwiespältiges Verhältnis zu diesen Nicht-Orten haben moderne Businessnomaden, die Woche für Woche mehrmals das Bett, das Hotel, den Ort und das Land wechseln.

Nicht-Orte sind die immer gleichen Flughäfen und Bahnhöfe, die immer ähnlichen Malls und Businesshotels, die standardisierten Coffee-Shops, uniformen Designerstühle, die gleichen Gastrokaffeemaschinen. Sie spiegeln den Vielreisenden Vertrautheit vor, können andererseits die Verlorenheit, die Langeweile und, ja, die Verdrossenheit der businessnomadischen Einzelnen nicht aufheben.

Das schönste Innendesign und die beste Lage helfen nicht bei muffeligen Mitarbeitern und fehlenden Rückzahlungen.

Gut zu wissen: Kleinere Mängel in der Potenzialqualität lassen sich durch exzellente Prozesse und herzliche Begegnungen durchaus wettmachen. Deshalb können auch optisch weniger ansprechend gestaltete Unternehmen und Organisationen durchaus erfolgreich sein!

Doch erst wenn alle Qualitäten stimmen, ist Service perfekt. Das ist ein hoher Anspruch, der volles Commitment und viel Konsequenz verlangt. Gar nicht so einfach in unserer kurzlebigen Zeit, in der sich die Menschen zunehmend um sich selbst und ihre Selfies drehen. Dennoch ist es möglich – und ich bewundere die Unternehmen, denen perfekter Service gelingt.

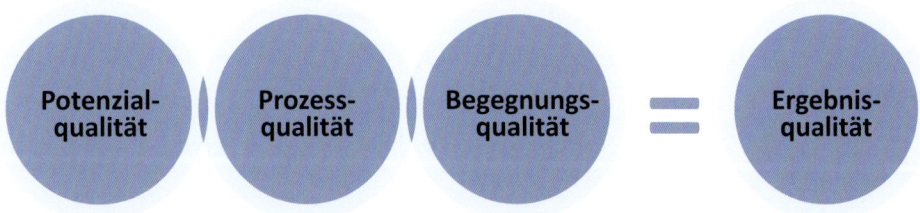

Abbildung 3: Qualitätsbewertung

Die Hauptrolle spielt immer der Kunde

Besonders schlimm ist es, wenn sogar der »Patron« den Unterschied zwischen Hauptbühne und Hinterbühne nicht verstanden hat – und ihm außerdem die Besetzung der Hauptrollen und der Nebenrollen unklar ist:

An einem schönen Sommertag war ich am Abend in Düsseldorf zum Essen verabredet. Wir sitzen kaum, als ein Herr flotten Schrittes in das Restaurant kommt, auf die beiden Servicekräfte hinter der Theke zugeht und unüberhörbar sagt: »Fragen wir jetzt die Gäste nicht mehr, was sie essen wollen? **So eine Sch...**, *da sind jetzt gerade zwei von der Terrasse wieder aufgestanden und gegangen...« Oha. Das war der Chef. Alle Gespräche im Restaurant verstummen, die Gäste starren peinlich berührt auf die staubigen Textilblumentischarrangements. Umso schlimmer, denn durch die frostige Stille schallt die folgende Schimpftirade von Big Boss aus der Küche ungedämpft bis in den Gastraum. Schockstarre vor und hinter den Kulissen. Einige Minuten lang spricht kein Gast mehr, kein Mitarbeiter ist mehr zu sehen. Schließlich taucht das frisch zusammengestauchte Personal deutlich geknickt aus der Versenkung auf. »Der Ton macht einfach die Musik«, bricht einer der beiden Kellner das große Schweigen. Woraufhin die Gäste aufatmeten und ich persönlich beruhigt war, dass der Kellner offenbar so viel inneren Abstand gegenüber seinem Boss bewahrt hatte, dass ihn diese Szene nicht wirklich aus der Bahn warf.*

Streng genommen war die Bemerkung des Kellners sogar wieder ein Formfehler: Diskreditierende Aussagen den eigenen Chef betreffend sollten eigentlich nicht im Gastraum fallen. Dazu kann ich nur sagen:

WAS INNEN NICHT GLÄNZT, KANN AUSSEN NICHT FUNKELN.

Dass der Chef sich überhaupt vor den Gästen derartig produzierte, ist – abgesehen von der offenbar schlechten Kinderstube des Patrons – auch Zeichen einer »verschobenen Haltung«. Es ist meiner Überzeugung nach niemals der Cafébesitzer oder Restaurantboss, der Unternehmenslenker oder Star-Coach, der bei einer Serviceinteraktion die Hauptrolle spielt. Nein: Es ist immer der Kunde.

Beobachten Sie es doch einmal selbst: Sobald sich eine Cafébesitzerin oder ein Friseur im eigenen Café verhält wie eine Diva auf ihrer Privatbühne, verrutscht die gesamte Atmosphäre ins Lächerliche. Das gilt genauso für Agenturchefs und für den Geschäftsführer eines Maschinenbauunternehmens. Als Kunden sind wir in solchen Momenten irritiert, können aber oft nicht in Worte fassen, warum das so ist. Doch Fakt ist: Auf Selbstdarsteller haben wir keine Lust. Und auch, wenn wir unseren Unmut nicht erklären können, gehen wir einfach nicht mehr hin. Oder?

Privatraum im Smartphone

Seit den 1950er Jahren hat sich viel geändert: Die Hinterbühnen unseres Lebens werden nicht mehr so massiv von den Hauptbühnen abgegrenzt, wie es einmal üblich war. Das gilt für unser Business und unser Privatleben gleichermaßen. Gläserne Manufakturen sind in der Automobilindustrie, im Bäckerhandwerk und in der Gastronomie en vogue; wichtige Meetings mit Geschäftskunden finden nicht mehr zwingend auf den Hinterbühnen der Unternehmen statt, sondern häufig an öffentlichen Nicht-Orten wie Durchgangscafés am Flughafen.

Wir haben auch viele ehemals von der Öffentlichkeit säuberlich abgeschirmte Privaträume in öffentliche Räume verwandelt: Das Homeoffice befindet sich am Küchentisch, der Herd steht im Wohnzimmer. Mit Skype und YouTube haben wir unsere Küchentische und Bettkanten längst zu Bühnen für Telefonkonferenzen und Videos gemacht.

Trotz der Grenzverschiebungen zwischen privat und öffentlich haben wir einen Sinn dafür bewahrt, was zu einer professionellen Serviceinszenierung zählt und was nicht. Und immer, wenn intime Requisiten – etwa Hygieneartikel – oder eher der Privatsphäre zugeordnete Verhaltensweisen aus den Hinterzimmern unseres Lebens versehentlich auf die Hauptbühne geraten, fühlen wir uns peinlich berührt. Oder wir schmunzeln. Daran hat sich seit den fünfziger Jahren nichts geändert.

Ich bin den vierten Tag in einem gehobenen Hotel in Ludwigsburg. Unsere Veranstaltung beginnt – wie so viele Veranstaltungen – immer um 9 Uhr. Mein Kunde empfängt die Teilnehmer vor dem Vortragsraum mit Namensschildern und einem kleinen Frühstück. Und jeden

Morgen wieder – pünktlich um 8:30 Uhr – beginnt die Reinigungskraft die direkt angrenzenden Toilettenräume umfangreich zu reinigen. Alle Türen stehen offen, es wird gewischt, gespült, gefeudelt, **der** *strenge* **Geruch** *nach Toilettenreinigern durchströmt das Foyer. Es ist ein freier Blick in die Hinterbühne des Lebens, die zwar jedem bekannt ist, die Kunden aber bei offiziellen Anlässen nicht sehen möchten. Und vor allem: Beim Blick in diese Räume und vor dieser Geräusch- und Geruchskulisse möchte niemand genussvoll in ein Frühstücksbrötchen beißen.*

Trotz der Grenzverschiebungen brauchen wir Privatsphären. Nur: Wo sind diese Sphären geblieben? Auf den ersten Blick sind sie kaum noch zu erkennen und scheinen sich unter dem Einfluss von Social Media und Co. komplett aufgelöst zu haben. Auf den zweiten Blick aber entdecken wir neue Sphären. Ich meine: Wir haben uns ganz neue Privatrefugien erschlossen. Es sind ... die Oberflächen unserer Smartphones. Das Smartphone ist der Privatraum, in dem wir unsere Fotos, unsere Musik, unsere Korrespondenz, unsere Lauftrainingsaufzeichnungen, unsere To-do-Listen und liebsten Shopping Malls auf kleinstem Raum zusammengeballt mit uns herumtragen, immer dicht am Körper. Als Damen: in unserer Handtasche. Als Herren: in der Hosentasche. Als Läufer: wie ein Tattoo am Oberarm. Beinahe schon mit dem Körper verwachsen. Das klingt überzeichnet, aber ist es nicht so?

Wenn es zum gelingenden Serviceglück entscheidend dazu gehört, dass Unternehmen beglückende Bühnen für ihre Kunden bauen, dann sehe ich hier eine naheliegende Servicechance, die vielerorts schon gelebt wird. Eigentlich ganz einfach – aber: Wie oft vermissen Sie diesen Service? Rüdiger Grube, CEO der Deutschen

Bahn, sagte kürzlich in einem Interview: »WLAN im Zug ist für viele Kunden mittlerweile so wichtig wie die Toilette.« Wenn Sie sich ebenfalls mehr Sofas, mehr WLAN-Zonen und mehr Ladestecker wünschen, dann fotografieren Sie doch einfach den Serviceglücksbringer-Button und posten ihn mit dem Hashtag **#Serviceglück** auf Instagram. Vielleicht können wir damit gemeinsam etwas bewegen.

Dass gemütliche Rückzugsmöglichkeiten, Smartphone-Ladestationen und vor allem WLAN Kunden glücklich machen, sollte sich längst herumgesprochen haben. Viel zu oft gibt es genau das aber nicht. Und der Servicebühnen-Regisseur hat es nicht einmal bemerkt. Das Netz, die wichtigste Zutat für die Serviceglück-Bühne, ist eben unsichtbar!

Nachdem wir die Bühne für Serviceglück ausgiebig ausgeleuchtet haben, kommen wir nun zum dem Stück, das darauf zum Besten gegeben wird: Service!

DAS SERVICEGLÜCK IST EINE DRAMA-QUEEN

Service braucht eine Bühne, um sich deutlich vom gewöhnlichen Alltag abzuheben – Serviceglück braucht also einen Ort. Es braucht aber auch eine besondere Inszenierung in der Dimension *Zeit*. Eine Inszenierung, die den Service heraushebt aus unserem ganz normalen, entweder strukturlosen oder überstrukturierten Alltag. Ich habe den Eindruck, dass uns die Auflösung der alltäglichen Zeitstrukturen noch mehr belastet als unsere übervollen Terminkalender. Aus folgenden Gründen:

- »always on«: Weil wir die derzeit wichtigste Schnittstelle zu allem – das Smartphone – permanent bei uns tragen, verschwimmt die Zeitwahrnehmung. So etwas wie Arbeitsbeginn oder Feierabend gibt es nicht mehr, typische Zeiten für die neuesten Schlagzeilen aus der Nachrichtenwelt oder eine gute Zeit für einen Einkauf ebenso wenig. Es geht immer alles. Dass eine Druckerei eine Kundenanfrage um 23:30 Uhr bekommt und der Kostenvoranschlag um 4:30 Uhr beim Kunden in der Mailbox liegt, ist wenig ungewöhnlich geworden. Wir fragen uns nicht einmal mehr, warum eigentlich jemand um diese Uhrzeit nicht im Bett liegt. Wir sind immer am Draht und finden das normal.
- »to go«: Als ich vor vielen Jahren die ersten Amerikanerinnen sah, die ihren heißen Frühstückskaffee in tragbaren Pappbechern durch die Innenstadt balancier-

ten, war ich so erschrocken, dass in mir noch Gedanken zum »Untergang der europäischen Tischkultur« aufpoppten. Heute trinke ich selbst aus derartigen Bechern. Wie wohl die meisten, die sich nicht mehr zu einer bestimmten Uhrzeit an den Frühstückstisch setzen, sondern immer dann frühstücken, wenn ihnen unterwegs danach ist. Und sei es am Abend.

- **»mobile«**: Manche erinnern sich vielleicht noch daran, dass man sich in grauer Vorzeit gemeinsam zu bestimmten Uhrzeiten im Wohnzimmer einfand, um eine bestimmte Fernsehsendung zu schauen. Alle zusammen. Heute gibt es solche Routinen immer noch: die Fußball-Weltmeisterschaft, das US-amerikanische Präsidentschaftskandidatenduell und der Papst ziehen immer noch Millionen vor den Fernseher. Überwiegend schaut aber jeder, worauf er gerade Lust hat, und zwar immer und überall.

- **»global«:** Wer häufig beruflich reist, erlebt die Zeit in einem noch größeren Maße als aus den Fugen geraten. Je nach Route befindet man sich von jetzt auf gleich in einer anderen Zeitzone, in einer anderen Jahreszeit und darüber hinaus vielleicht noch in einer Kultur, in der die Menschen ganz anders mit Zeit umgehen als in hiesigen Breitengraden.

Dies alles führt dazu, dass wir immer weniger fixe und verbindende Zeitpunkte erleben. Heute *hetzen* wir durch einen dicht getakteten und hochgradig strukturierten Tag, morgen *schwimmen* wir vielleicht durch einen Tag, dem aus welchem Grund auch immer jegliche Struktur fehlt. Das gibt uns viel Freiheit, das macht das Leben aber auch anstrengend. Auf der einen Seite erleben wir zu viel, zu dicht, können die Eindrücke nicht verarbeiten und auch nicht im Detail erinnern, werden durch zu viele Erlebnisse in zu kurzer Zeit überreizt. Auf der anderen Seite versinken wir in einer Strukturlosigkeit, die wir als niederschmetternd erleben können. Darüber haben nicht nur etliche Sozialforscher nachgedacht, dazu gibt es sogar

Songs. Die folgenden Zeilen stammen aus dem britischen Musical *Blood Brothers* und drehen sich um lange, einsame Sonntagnachmittage, die sich ziehen wie Kaugummi und sich anfühlen wie Weltuntergang:

>*»Feels like everybody stayed in bed*
>*Or maybe I woke too soon.*
>*Am I the last survivor*
>*Is everybody dead?*
>*On this long, long, looong*
>*Sunday afternooon ...«*

Wir lieben Geschichten

Einerseits also machen uns zu viele Showacts in zu kurzer Zeitspanne kirre. Andererseits machen uns strukturlose Tage ohne jegliches Drama leer. Vor allem dann, wenn wir stundenlang ohne relevante zwischenmenschliche Interaktion auskommen müssen. Dann schlägt das unangenehme Zeitdurcheinander doppelt zu: Die gefühlte soziale Isolierung führt zu einer subjektiven Ausdehnung der Zeit. Und die körperliche Entspannung etwa während einer Wartezeit zwischen zwei Geschäftsterminen dehnt die Zeit zusätzlich. Dann wird es »loooong« und unangenehm. Das mögen wir nicht.

Was wir lieben, sind Zeitabläufe mit dramatischer Struktur: mit einem Anfang, mit einer Story, die auf einem schönen Weg zum Höhepunkt führt, mit Spannung und einem schönen Ende. Byun-Chul Han beschreibt diesen Effekt geradezu poetisch:

Das genau ist die Chance für Serviceglück: Wenn es uns gelingt, *mit Serviceleistungen Geschichten zu erzählen*, geben wir unserer eigenen Leistung eine Struktur. Und mehr noch: Wir schenken dem im Zeitchaos versinkenden Kunden eine Struktur, die er durchaus als lebensbereichernd empfinden kann.

Manche Krankenhäuser geben dem Patienten das Gefühl, der Held seiner eigenen Heilungsgeschichte zu sein. Wir alle kennen die Struktur der Heldenreise, nicht zuletzt aus Hollywood: So wird die angesetzte Operation zu einer Bewährungsprobe, der Rückschlag im Heilungsverlauf zur entscheidenden Prüfung, die langsame Genesung wird zur »Auferstehung«, die gewonnene Erfahrung zum »Elixier«, das mit zurück in die gewohnte Welt genommen werden kann. Ich habe den Eindruck, dass diese »Heldenreise« des Patienten nicht strategisch geplant wird, sondern quasi als Nebenwirkung auftritt, wenn sich Ärzte und Pfleger nicht selbst als Helden inszenieren, sondern diese Rolle eben den Patienten überlassen.

In einem Krankenhaus sah sich der Chefarzt so sehr als Verbündeter und Helfer seiner Patienten, dass er sich mit aller Kraft für eine erstklassige medizinische Betreuung UND für einen persönlichen Service einsetzte. Bei einer Visite schnappte er sich kurzerhand die Fernbedienung und stellte dem frisch operierten Hüftpatienten die Fernsehsender ein, als dieser nicht zurechtkam. Davon schwärmte der Patient wochenlang – noch mehr als über die gelungene Operation.

Geschichten geben dem Leben Sinn

»Eine einheitlich gute Servicequalität wird von Kunden höher bewertet als einzelne Highlights« sagt das Beratungsunternehmen Top Service Deutschland. Ich sage es so: Highlights, WOWs und Magic Moments werden vom Kunden nur gewürdigt, wenn der Kern der Leistung konsequent stimmt. Aufmerksamkeitsstarke Highlights sind also dann irrelevant, wenn die Abläufe schlecht sind. Auf einer guten Grundlage aber punkten wir mit ausgewählten Highlights. Und dann brauchen wir sie auch! Im Licht der zeitpsychologischen Erkenntnisse ist das ganz logisch: Gute Servicequalität heißt gute Kernleistungen mit guten Servicegeschichten und spritzigen Höhepunkten, und das heißt Serviceglück. Und zwar, weil gute Servicegeschichten die zahllosen einzelnen Episoden, die wir täglich erleben, die wir kaum mehr einordnen können und die uns so verrückt machen, in einen sinnvollen Zusammenhang bringen. Das hilft uns, einigermaßen sortiert durchs Leben zu gehen.

Das verändert unsere eigene Position: Wir sind nicht mehr willenlose Figuren, die vom Zufall auf dem Schachbrett des Lebens nach Belieben hin und her geschoben werden. Wir werden zu Akteuren in einem Stück, das einen Anfang hat, eine Geschichte erzählt und auf ein schönes Ende zustrebt. Das lässt unser Leben als von Zufall und Sinnlosigkeit befreit erscheinen. Es gibt uns Bedeutsamkeit und Sinn.

Ein simpler Kaufanlass ist keine sinnvolle Story

Dass wir Menschen selbst ständig auf der Suche sind nach Bedeutsamkeit und Sinn, ist ein relativ junges Phänomen – eine Begleiterscheinung der Moderne.

Noch im Mittelalter sorgte die Kirche für eine Dramaturgie, die das gesamte Jahr überspannte. Der Kirchenkalender zählte eben nicht nur die Tage ab, schreibt Byun-Chul Han, er lieferte auch eine Erzählung dazu: »Die Zeit der Hoffnung, die Zeit der Freude und die Zeit des Abschieds gehen ineinander über«. So entstand ein sinnstiftender, narrativer Spannungsbogen.

Anders heute: Zwar feiern wir immer noch Ostern und Weihnachten. Allerdings als Höhepunkte des Marketingjahres mit jährlich neuen Geschenkideen und Schokoladenspezialitäten, Dekorationen und Karten, Musikkompilationen und Dufterlebnissen, langohrigen Hasen und rotnasigen Rentieren. Eine Inszenierungsherausforderung im Business wie im Privaten, der nur schwer zu entkommen ist.

Zwischen diese kalendarischen Herausforderungen haben wir, weil sie so weit auseinander liegen, noch einige neue Höhepunkte geschoben: Valentinstag, Muttertag, Sommerferienzeit, Back-to-School-Zeit, Oktoberfest, Halloween, Adventskalenderzeit, Silvester und Gute-Vorsätze-Zeit im Januar. Ein narrativer Spanungsbogen ist das nicht mehr. Das ist nur noch Kaufanlass plus neue Deko. Wo bleibt die Relevanz dieser Kalenderpunkte? Führt Sie diese Abfolge von Dekoereignissen sinnvoll durch das Jahr? Fragen Sie sich auch immer wieder, wo in diesem Zeitpunktezirkus eigentlich Sie selbst bleiben?

Wenn wir unseren Kunden Serviceglück schenken wollen, müssen wir ihnen mehr bieten als nur eine Abfolge von Kaufanlässen. Wir müssen Zusammenhänge schaffen, wir müssen sinnvolle und sinnstiftende Geschichten erzählen.

Serviceglück-Momente sind Geschichten, die sich als Dienstleistung ausgeben

Mario Pricken, Experte für Innovation und Kreativität, hat in jahrelangen Forschungen herausgefunden, was genau Produkte zu besonderen Produkten macht. »Zu den Schlüsselerkenntnissen meiner Untersuchungen zählt«, so schreibt er, »dass wirklich wertvolle Objekte, denen die Menschen eine hohe Bedeutung zuschreiben, eine einzigartige und faszinierende Biografie besitzen.« Ein besonders wertvolles Motorrad gilt zum Beispiel deshalb als so wertvoll, weil es zuvor von einem Promi gefahren wurde. Für einen Designstuhl aus Plastik bezahlen wir gerne mehrere hundert Euro, weil wir den Genius der Gestalter großartig finden und noch immer beeindruckt sind, dass für die Produktion, auch wenn es sich um Massenproduktion handelt, erstmals neue Technologien oder Materialien zum Einsatz kamen. Das ist bei den typischen Eames- und Panton-Plastikstühlen der Fall, die heute in allen urbanen Zentren der Welt anzutreffen sind.

Übertragen auf die Servicewelt heißt das eine doppelte Chance. Und zwar dann, wenn Unternehmen

- **zu den angebotenen Services eine Biografie erzählen können**. Nichts anderes macht das legendäre Chelsea Hotel in New York, wenn es von den viele bekannten Künstlern erzählt, die dort gewohnt und gewirkt haben. Oder Montblanc, wenn es darstellt, welche bedeutenden Verträge mit einem seiner Füller besiegelt wurden;
- **einen Service für den Kunden biografisch bedeutsam machen**. Besonders eindringlich praktizieren das die »Services« der verschiedenen Religionen, die jeden biografischen Übergang – Geburt, Ende der Kindheit, Übergang ins Erwach-

senenleben, Hochzeit und Familiengründung bis zum Tod – mit einem Ritual markieren. Derartige Versuche lassen sich aber auch bei Unternehmen finden: Versicherer heißen einen neuen Erdenbürger mit besonderen Angeboten willkommen, unterbreiten bei Schuleintritt und zum 18. Geburtstag, zum Jobanfang und zum Hausbau jeweils die nächsten maßgeschneiderten Angebote und markieren das alles mit bunten Schriftstücken in hochwertigen Umschlägen. Markenartikler, vor allem Uhrenhersteller, inszenieren ihre Produkte als Familienerbstücke, die in einem bedeutsamen Ritual erworben und später dann ebenso bedeutsam an die nächste Generation übergeben werden sollen. Und gute Autohäuser begleiten das »Familienmitglied« Auto durch Jahreszeiten: vom Reifenwechsel über die Inspektion vor den Sommerferien bis hin zu regelmäßigen Leistungsprüfungen überwachen sie den Lebenszyklus und »mahnen« rechtzeitig den Wechsel zu einem neuen Modell an.

Vom schönen Auftakt zum Happy End

Die als unverbunden erlebten »Highlights« des Lebens in Verbindung bringen, dem Leben Sinn verleihen, die Dauereinsamkeit der Businessnomaden abstellen – das können Dienstleister natürlich nicht. Aber sie können das Nomadenleben schöner machen, indem sie eben nicht in schnöden Kundenkontaktpunkten denken, sondern für ihre Kunden und mit ihren Kunden Geschichten erzählen. Magische Momente feiern. Wir können auch sagen: Dramen inszenieren, die glücklich machen. Ich sage: Serviceglück ist eine Drama-Queen! Lassen Sie uns also nun anschauen, was richtig gute Servicestorys ausmacht. Vom Auftakt bis zum Happy End.

Tadaa! Auftakt gut, alles gut

Damit Kunden den für sie inszenierten Service überhaupt wahrnehmen können, muss er sich deutlich vom chaotischen Hintergrundrauschen des Alltags abheben. Die Queen braucht eine Bühne, einen Rahmen, eine besondere Beleuchtung, sie braucht Atmosphäre. Das gibt Kunden das Gefühl, in eine andere, besondere Dimension einzutreten. In eine andere Welt.

Rüdiger Safranski beschreibt diesen Effekt in Bezug auf die Wahrnehmung von Kunst. Service gehört per se natürlich nicht der Sphäre der Kunst an, Service ist Kommerz. Dennoch, so meine ich, zeichnet sich hervorragender Service immer dadurch aus, dass nicht alles daran auf Effekt kalkuliert und auf Effektivität getrimmt ist. Hervorragender Service ist immer mehr als nur Business, ist immer auch ein Statement, immer auch eine Liebeserklärung an den Kunden, immer auch eine rätselhafte Blüte der Kulturen – denken Sie nur an die Performancekunst japanischer Geishas – und deshalb wage ich es an dieser Stelle, hervorragenden Service eine Kunst zu nennen. Safranski schreibt dazu:

> *»Es ist genau diese Rahmung, dieses Herausschneiden aus der Alltäglichkeit, was der Kunst ihren besonderen Augenblickscharakter gibt. (...) Das Kontinuum der sonstigen Zeit ist durchbrochen, es öffnet sich eine Pforte zu einer anderen Welt.«*

Ein solches Pfortenerlebnis hatte ich in einem Wiener Industrieunternehmen. Es liegt schon eine Weile zurück, das Erlebnis ist mir aber noch sehr intensiv im Gedächtnis – weil der Pfortenmitarbeiter einen derartig hochkarätigen Service leistete:

Ich melde mich an der Einfahrt an der Pforte an. Der Pförtner gibt mir mein Namensschild und ein Schild mit meiner persönlichen Parkplatznummer, das ich während des Aufenthaltes in meinen Wagen legen soll. Ich fahre also durch die Schranke und komme nach einer Minute wieder zum Eingang. Der Pförtner bietet mir charmant einen Platz an und informiert mich vorausschauend: »Die Waschräume für die Damen finden Sie im Foyer gleich rechts, falls Sie sich ein wenig frisch machen möchten.« Der Mann hat natürlich Recht, das will ich! Nach meinem Termin gebe ich mein Namensschild wieder bei ihm ab und hole mein Auto. Als ich an die Ausfahrtsschranke heran fahre, verlässt der Pförtner sein Büro, geht auf mich zu und holt das Parkschild am Wagen ab. Er schüttelt mir die Hand und verabschiedet sich mit einem herzlichen **»Auf Wiedersehen, Frau Hübner, und eine gute Fahrt!«**

Die Begrüßung und der Abschied an der Pforte prägen den ersten Eindruck des Kunden und auch den letzten Eindruck, also den, der in Erinnerung bleibt. Ein entscheidendes Instrument der Inszenierung, das sogar in der Industrie funktioniert.

Auf die Spitze getrieben wird das Spiel mit den Übergängen von der profanen Welt des Alltags in die magischen Welten des Serviceglücks von Freizeitparks und Casinos, von Unternehmenszentralen und Messen, von Grand Hotels und Shopping Malls, vor allem aber von Flagship Stores der großen Markenunternehmen.

Das französische Modelabel Louis Vuitton zum Beispiel hat für seine Kunden eine besondere Ser-
viceattraktion gebaut: das *Island Maison* in der
Marina Bay Sands in Singapur. Die schwim-
mende Erlebnisarchitektur wirkt wie eine Mischung aus asymetrischem Eisberg und gigan-
tischem Edelstein und bietet auf
23 000 Quadratmetern alles, was das Luxusherz
begehrt.

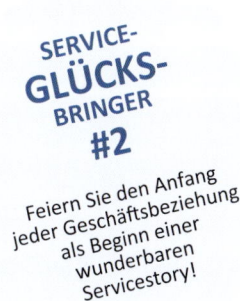

SERVICE-
GLÜCKS-
BRINGER
#2

Feiern Sie den Anfang
jeder Geschäftsbeziehung
als Beginn einer
wunderbaren
Servicestory!

Für einen besonders großen Abstand zum *real life* der Kunden sorgt Louis Vuitton
gerade durch die Verlagerung des Shops auf eine künstliche Insel. Um diese zu erreichen, muss der Kunde per Schiff anreisen, über eine eigene Brücke gehen oder
via Rolltreppen durch einen Unterwassertunnel fahren. Es *dauert*, bis man ankommt. Die Spannung steigt mit dieser Zeit. Spektakulärer lässt sich der Übergang
vom Alltag ins Serviceglück wohl kaum inszenieren. Nicht zu machen für einen
Mittelständler, denken Sie nun? Doch. Ist zu machen.

Ich lernte mal einen Küchenbauer kennen, der bei der Demontage der
alten Küche und Montage der neuen Küche immer zuerst einen roten
Teppich auslegt. Die Auftraggeberinnen reagieren jedes Mal mit
einem WOW: »Oh! Ein roter Teppich!« Er antwortet dann: »Ihre neue
Küche hat auch einen roten Teppich verdient! Und Sie sowieso!« Dann
motiviert er die Kundin zu einem schönen Ausflug in die Stadt, ins
nächste Café oder zumindest zum nächsten Supermarkt: »Lassen Sie
sich gerne viel Zeit!« Dieser Ausflug erspart ihr einen schmerzhaften
Moment: den Abriss ihrer »alten« Küche, die ihr über die Jahre sehr

eng ans Herz gewachsen ist. Und beschert der Kundin einen besonders
schönen Augenblick: Sie kommt über den roten Teppich zurück in ihre
Wohnung und darf die neue Küche bestaunen. Das ist Inszenierung!
Und alles, was es dazu braucht, ist ein Stück Teppichboden.

Gelungener Spannungsbogen

Welches Servicedrama exakt wie inszeniert wird, variiert von Branche zu Branche
sehr stark. Es hängt selbstverständlich auch davon ab, ob man einen Kunden nur
ein einziges Mal trifft, ob man mit ihm in einem einzigen Projekt zusammenarbei-
tet oder ob man eine jahrelange Geschäftsbeziehung pflegt. In jedem Fall vergrö-
ßert ein durchdachtes Serviceskript den **dramatischen Effekt für den Kunden.** Und damit sein Serviceglück.

Einmalige Treffen: Nur ein einziges Mal treffen wir als Kunden zumeist mit dem
Mitarbeiter am Flug-Check-in zusammen, außerdem mit Telekommunikations-Be-
ratern an der Hotline, mit dem Servicetechniker für den privaten Wäschetrockner
oder mit dem Notfallfriseur auf der Durchreise. Für jede dieser Situationen gibt es
kulturell verankerte Serviceskripte, die uns bei der Interaktion helfen. Es geht los
mit der Begrüßung, man tauscht ein paar Worte Small Talk aus, geht zur Sache
über, »Was soll wie und wo zu welchem Preis zu welchem Zweck erledigt werden?«, schließt den Deal und verabschiedet sich freundlich. Innerhalb einer Interaktion gibt es sogar besonders strikte Rituale, die jeder kennt und über die sich jeder freut. Ein eindringliches Beispiel dafür ist das Ritual rund um das Öffnen einer
Weinflasche, wie es in besseren Restaurants zelebriert wird: Der Sommelier zeigt
die Flasche, nennt feierlich den Namen des Weins, entkorkt die Flasche möglichst

kunstvoll, schenkt einen kleinen Probierschluck ein. Dann kommt der Gast: Er schwenkt den Wein im Glas, mimt mit einer Geruchsprobe den Weinkenner, nimmt vielleicht noch die Farbe des Weins in Augenschein und gibt per Kopfnicken die Anweisung zum Einschenken, das wiederum nach alten Mustern zelebriert wird. Jedenfalls: Serviceskripte geben allen beteiligten »Playern« Sicherheit, das gelingende Spiel macht sogar Freude, und nach einem einzigen Treffen ist das Serviceprojekt abgeschlossen. Hören wir noch einmal Mario Pricken:

»Ein Ritual ist eine Handlung, deren Sinn über die eigentliche Handlung hinausführt. Waren es früher spirituelle Erfahrungen, so sind es heute meist Freude, Unterhaltung, Zugehörigkeit oder Sinn, die über das Materielle eines Produktes hinausweisen sollen.«

Einmalige Aufträge: Für ein einziges Projekt kooperieren wir mit Unternehmen zum Beispiel, wenn wir ein Event planen und durchführen, wenn wir uns einer langwierigen medizinischen Behandlung unterziehen oder eine einmalige Aktion zum Beispiel mit einer Werbeagentur über die Bühne bringen wollen. Hier zieht sich das oben skizzierte Serviceskript über mehrere Treffen: Begrüßung und Kennenlernen, Bedarfsklärung, Projektplanung, Durchführung, Abschluss. Erfolgreiche Dienstleister führen ihre Kunden sehr bewusst durch diesen Spannungsbogen und verstehen es, am Ende jeder Phase einen *cliffhanger* einzubauen, der Lust auf die nächste Phase macht. Um einen schönen Spannungsbogen zu inszenieren, muss man übrigens kein 20-Mann-Unternehmen mit Marketingabteilung sein. Das geht auch als Einzelunternehmer:

Neulich verblüffte mich ein Taxifahrer in Freiburg. Ich stieg am Bahnhof ein, war noch ein wenig früh dran zu meinem Vortrag und bat ihn, mich in der Nähe meines Kunden in einem Café abzusetzen, damit ich noch ein wenig arbeiten könnte. Er fragte mich: »Soll ich Sie hier in 45 Minuten wieder abholen und hinfahren?« Ich: »Ja, gerne, und können Sie mich bitte dann nach meinem Vortrag wieder zum Bahnhof bringen?« Wir reden hier von 12-Euro-Fahrten. Er: »Ja, ich fahre jetzt wieder zurück, trinke meinen Kaffee aus, und dann komme ich wieder.« Pünktlich stand er wieder vor der Tür, fuhr mich die letzten 1,5 km, stieg aus und macht keine Anstalten, Geld zu nehmen. Als ich sagte »Was bekommen Sie?«, antwortete er: »Das ist mein Service!« **WOW!**

Und natürlich wartete er nach dem Vortrag schon mit offenem Kofferraum auf mich. »In welche Richtung fahren Sie denn?« Ich: »Nach Düsseldorf«. Er: *»Das ist Gleis 1, und wenn Sie 1. Klasse fahren, Abschnitt B«.* Er setzte mich an einem Seitenzugang ab, der direkt auf Höhe B war, sodass ich nur 10 Meter zu laufen hatte. Großartig! Wie oft erlebe ich, dass ein Taxifahrer nicht mal sein eigenes Navigationssystem bedienen kann. Wenn ich wieder mal nach Freiburg komme, rufe ich genau dieses Taxi an.

Das Beste zum Schluss

Bei aller Begeisterung für Serviceinszenierung im Luxus- und Konsumgüterbereich übersehen wir gerne, dass Service-Storytelling auch in anderen Bereichen funktioniert: etwa im Maschinenbau oder im Gesundheitswesen. So machen sich Industrieunternehmen Gedanken, wie sie aus einer technischen Produktpräsentation ein stilvolles Servicehighlight mit Edelcatering zaubern, als *cliffhanger* bis zur nächsten Investitionsentscheidung. Und wenn ein neues Kreuzfahrtschiff vom

Stapel geht, ist das fast so feierlich wie eine Hochzeit des britischen Königshauses.

Ich liebe Servicespannungsbogen, und ganz besonders liebe ich überraschende Schlusspointen. Dabei ist es für mich zweitrangig, ob diese Pointen vom Unternehmen geplant oder spontan von einem Mitarbeiter inszeniert werden: Bei mir wirken sie immer. Wie ist das bei Ihnen?

Im vergangenen August war ich wieder einmal auf Servicereise in den USA – dem Land der unbegrenzten Möglichkeiten und der besonders üppig blühenden Serviceoasen. Auf der Reise ereilte mich allerdings das Gefühl, dass sich unsere positiven Vorannahmen über »Service made in the USA« etwas überholt haben.

»I have NO idea«, erhielt ich als Antwort in Geschäften genauso oft wie bei uns. Okay – garniert mit einem strahlenden Lächeln. Und der Satz, den ich am häufigsten – selbst nur im Vorbeigehen – hörte, war ein automatisiertes »Oh, I love your dress«. Und dies ganz unabhängig davon, welchen Fummel ich trug. Ich werde es beim nächsten Kundentermin mal mit »Schöne Krawatte!« versuchen, wenn ich durch die Gänge bis zum Büro meines Ansprechpartners laufe. Geübt habe ich in den USA schon, und zwar im Aufzug, im Gang, einfach überall: »Oh, your hair is gorgeous!« »Awesome!« oder »I love your golfswing!« Für eine mit viel formaler Strenge aufgewachsene Österreicherin wie mich ist diese laxe Überschwänglichkeit eine echte Herausforderung. Bis ich das authentisch zustande bringe, können noch einige Jährchen ins Land ziehen …

Absolut authentisch in ihrer Überschwänglichkeit erlebte ich Bridget, die Mitarbeiterin im Café. Bei ihr holte ich mir jeden Tag mein Frühstück, um es im sonnigen Garten zu genießen. Sie wusste schon am zweiten Tag, wie ich meinen Kaffee mag: **»Strong coffee for a strong lady.«**

Bei ihr kommt jeder Satz mit einer natürlich guten Laune über die Lippen. Auf meine Frage, ob der Orangensaft im Becher frisch gepresst ist, antwortet sie: »Well, fresh from the container, but it's okaaaaayyyy«. Ihre großen Augen, ihre widerspenstigen braunen Locken und ihre breites Lachen nahmen mich sofort gefangen. Am letzten Tag lud sie mich auf mein Frühstück ein – einfach so! Für mich eine wunderschöne Happy-End-Überraschung, die mich bei meiner nächsten Hotelbuchung in dieser Gegend sicherlich beeinflussen wird.

Wow mit System

Ich habe drei Arten von beglückenden Servicepointen identifiziert:

- **Geplante Pointen**, **die durchaus persönlich sind**, hinter denen aber ein gut geführtes Customer-Relation-Managementsystem steckt. In einer Datenbank sind Vorlieben und wichtige Eckdaten der Kunden dokumentiert. Sie ermöglichen dem Optiker, direkt die Lieblingsmaterialien und Farben für die neue Brille aus dem Köcher zu ziehen und machen es dem Anlagenbauer möglich, seinem Kunden zu Weihnachten die genau richtige Sorte Grappa zu überreichen.

- **Geplante Pointen** für alle Kunden, die in den Kundenkontaktpunkten verankert und für alle gleichermaßen zugänglich sind. Dazu gehören der »Blitzerwarner« an der Tankstelle und die Regel, jedem Hotelgast mit einer Aufenthaltsdauer von mehr als fünf Nächten ein Frühstück zu spendieren.
- **Situative WOWs.** Sie entstehen in einer offenen und kreativen Unternehmenskultur, in der Empathie gepflegt und wertgeschätzt wird. Diese magischen Momente sind in der Regel »unique«. Einzigartige Ideen können Mitarbeiter nur dann entwickeln und spontan umsetzen, wenn sie empathisch sind und den Freiraum dazu haben. Entscheidungsfreiheit auf allen Ebenen ist das Resultat einer anerkennenden, für Service-WOWs offenen Führungskultur.

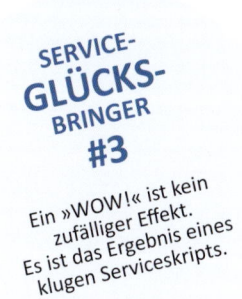

SERVICE-GLÜCKS-BRINGER #3

Ein »WOW!« ist kein zufälliger Effekt. Es ist das Ergebnis eines klugen Serviceskripts.

Ein solches, dreifaches Pointensystem praktiziert der Lieblingsbuchhändler meiner Freundin: Er hat die Interessen seiner Stammkunden in einer Datenbank hinterlegt – und außerdem auswendig im Kopf – sodass er jeden ungefragt über Neuerscheinungen informieren kann. Das ist die geplante, persönliche Pointe. Zu Weihnachten bekommen Stammkunden einen von ihm selbst produzierten, sehr hochwertigen Kalender mit Schwarzweißfotografien. Das ist die geplante Pointe für alle. Das besondere, situative WOW entsteht außerhalb der »reinen Geschäftsbeziehung«: Wenn er mit einem Kunden im Laden über ein bestimmtes Thema gesprochen hat, dann leiht er diesem Kunden durchaus auch ein besonderes Buch aus seinem Privatbesitz aus. Dafür setzt er sich auf sein Fahrrad und wirft den Kunden diese besonderen Leihgaben am Abend oder am Wochenende in den Briefkasten. WOW! So etwas kann Amazon nicht.

Wenn die Kunden die geliehenen Bücher in den Laden zurückbringen, entsteht automatisch wieder eine Servicesituation, die in einen spontanen Buchkauf münden kann. Das zeigt: Service hat mit Altruismus nur bedingt etwas zu tun.

SERVICE GENERIERT GESCHÄFT!

DAS GEHEIMNIS ECHTER SERVICEHELDEN

Super Service braucht eine gut gebaute Bühne und eine gut inszenierte Dramaturgie. Vor allem aber braucht er mutige Player! Ohne Servicehelden ist kein Serviceglück denkbar. Deshalb schauen wir uns diese Spezies jetzt näher an – und steigen dazu erst einmal in den Keller. Genauer gesagt: in den Waschkeller. Die folgende Geschichte stammt von einem meiner Zuhörer, einem 77-jährigen Grandseigneur aus Hamburg:

Ich verbrachte mit meiner Frau vor ein paar Jahren einen Urlaub auf Mauritius. Am Morgen ihres Geburtstags gingen wir zum Frühstück, und sie sagte zu mir: »Ich nehme gerade noch das Polohemd mit und gebe es schnell in der Wäscherei ab.« Auf meinen Einwurf, das könnte doch jemand im Zimmer abholen, meinte sie nur: »Die Wäscherei liegt auf dem Weg, wir können das Polo schnell abgeben und bekommen es heute gleich wieder.« Also machten wir einen Abstecher in die Hotelwäscherei. Meine Frau überreichte das Polo an eine Mitarbeiterin und nannte unsere Zimmernummer. In diesem Moment stimmten alle Mitarbeiterinnen der Wäscherei **»Happy Birthday«** *an und sangen meiner Frau im Chor ein Geburtstagsständchen. Wir waren platt und wirklich berührt. Die konnten doch gar nicht wissen, dass wir kommen!*

Das System dahinter: Jede Abteilung erhielt täglich eine Geburtstagsliste der Gäste. Umso schöner, wenn selbst die Mitarbeiterinnen der Wäscherei spontan so exzellent reagieren und für Jahre eine großartige Geschichte im Kopf des Gastes schreiben. Das System allein verrät aber noch nicht, warum wir so emotional darauf reagieren. Das sollten wir uns näher anschauen. Was genau haut uns aus den Socken, wenn Wäscherinnen singen?

Was ist ein echter Held?

Wir alle haben eine Idee davon, wie sich ein professioneller Mitarbeiter zu verhalten hat: Eine Wäscherin wäscht. Ein Arzt behandelt. Ein Telekom-Techniker legt einen Anschluss. Jean-Paul Sartre, einer der bereits erwähnten Rollkragen-Existenzialisten, die besonders gerne in Cafés arbeiteten, beobachtete einen Kellner:

> *»Seine ganze Verhaltensweise sieht wie ein Spiel aus. (…) Der Kaffeehauskellner spielt mit seiner Stellung, um sie real zu setzen. Das ist für ihn ebenso notwendig wie für jeden Kaufmann: Ihre Stellung ist ganz Zeremonie, und das Publikum verlangt von ihnen, dass sie sie wie eine Zeremonie realisieren.«*

Für Sartre ist der Kaffeehauskellner eine Mischung aus »Automat« und »Seiltänzer« – und in der damaligen Zeit war dieser Kellner sicher ein angesehener Serviceexperte. Heute hat sich unser Umgang mit dem Rollenspiel grundlegend geändert. Interessanterweise nicht nur in der echten Welt, sondern auch im Theater. Im modernen Performancetheater kommt es viel weniger darauf an, bestimmte

Rollen perfekt »vorzuturnen«. Auf Seiltänzer- oder Automatenperfektion legt man heute kaum mehr Wert. Viel eher zählt die Kunst der Schauspieler, *mit* ihrer Rolle zu spielen und die Grenzen dieser Rolle auszuloten. Und das heißt auch: gelegentlich aus der Rolle fallen, damit überraschen. Oder auch mal scheitern.

Die Wäscherinnen in unserem Beispiel haben das klassische Wäscherinnenrollenskript über Bord geworfen und sind spontan ins Opernfach gewechselt. Zur großen Überraschung der Gäste. Ergebnis: Serviceglück! Dass sie zwischen ihren Wäschebergen nicht die musikalische Qualität einer Staatsoper zustande bringen konnten, war in diesem Moment nicht wichtig.

Sehen wir uns diese drei Durchbrüche jetzt noch einmal genauer an: Was genau tun Servicehelden mit dem Faktor Zeit, wie gehen sie mit technischen Systemen um und wie überraschen sie ihre Kunden mit unerwarteter Empathie?

Helden schenken Zeit: Glücks-Talk statt Small Talk

Selbst wenn Kunden es sehr eilig haben, erleben sie lieber **15 minutes in heaven** als 5 minutes in hell. So kommt es, dass nette, längere Callcenter-Gespräche oft positiver bewertet werden als besonders kurze und knackige, wenn beide erfolgreich zu einer Lösung geführt haben.

Das US-amerikanische Versandhaus Zappos hat diese Erkenntnis konsequent umgesetzt: Seine Callcenter-Mitarbeiter müssen weder einem Skript mit bestimmten

Inhalten folgen noch müssen sie sich an bestimmte Gesprächszeiten halten. Genau deshalb kommt es in diesem Unternehmen immer wieder zu ungewöhnlichen Servicegeschichten, die Kunden als ganz besonders glücksbringend erleben. Gelegentlich dauert ein Servicegespräch am Telefon auch mal eine Stunde lang. Oder noch länger.

Lohnt sich das? Ja! Und zwar mehrfach. Zappos verkauft selbstverständlich ein paar Schuhe während eines Gesprächs, was aber nebensächlich ist. Nicht aufzuwiegen ist der mediale Wert, den die wunderbaren Serviceglück-Stories bewirken. Die besten Geschichten werden in Unternehmensfilmen verewigt und über Social Mediakanäle weltweit weiterverbreitet. Eine bessere Werbung für die Zappos Servicekultur lässt sich kaum ausdenken.

Übrigens: Obwohl praktisch überall über Druck und Stress geklagt wird, gibt es doch Serviceinseln, auf denen Zeitdruck praktisch nicht spürbar ist. Das gilt für viele Dienstleistungen der Wellnessbranche, das gilt auch für viele Beratungsdienstleistungen: Der Finanzberater nimmt sich natürlich Zeit für sein Verkaufsgespräch. Der Coach oder die Supervisorin haben ohnehin ein bestimmtes Zeitkontingent mit dem Klienten abgesprochen. Hier bricht, könnte man sagen, nicht der einzelne Serviceheld aus dem gesellschaftlichen Zeitdruckmuster aus, sondern das gesamte Dienstleistungsunternehmen.

Vor allem in unserer Freizeit sehnen wir uns nach gefühlter Zeitfülle: Deshalb fahren immer mehr Menschen wieder mit dem Ozeandampfer von Kontinent zu Kontinent statt mit dem Überschallflugzeug zu fliegen. Und immer mehr Menschen setzen sich hin zum Meditieren statt in den Sportwagen. Natürlich gibt es auch viele, die beides machen: Der hybride Kunde lässt grüßen.

Und noch etwas: Servicehelden verstehen es nicht nur, ihren Kunden überraschend ganz besonders werthaltige Zeit zu schenken. Wenn es geht, helfen sie auch, besonders viel *Zeit zu sparen* – wie der besonders gut über Abfahrtszeiten und Bahngleise informierte Taxifahrer aus Freiburg, von dem ich Ihnen schon erzählt habe – oder *besonders wertvolle Zeit effektiv zu nutzen*. Superheldin für diesen Spezialfall ist eine besonders kompetente Technikerin bei meinem Kunden *BayWa*:

> *Die Mechatronikerin Fanny hat bei ihren Kunden den Status einer Superheldin: Wenn während der Erntezeit ein Schlepper steht, rufen die Landwirte sie an. Fanny rast umgehend herbei und bringt den Traktor zielsicher wieder zum Laufen. Ob am Tag oder mitten in der Nacht, auf Fanny ist immer Verlass. In der Landwirtschaft ist das existenziell wichtig, weil für die Ernte oft nur wenige Stunden mit idealem Wetter zur Verfügung stehen. Ein defekter Schlepper kann so schnell einen Schaden von mehreren Zehntausend Euro verursachen. Kein Wunder also, dass die Landwirte der Technikexpertin einen Heldennamen zugedacht haben: die Fendt-Fanny.*

Helden hebeln Systeme aus: Grenze der Technik durchbrochen

Es gibt kaum etwas Ärgerlicheres als Mitarbeiter, die von den eigenen Techniksystemen in die Knie gezwungen werden. Von den Flughafenmitarbeitern, die gestrandete Passagiere eines verspäteten Flugzeugs nicht in ein weitgehend leeres Flugzeug mit gleichem Ziel umbuchen konnten, hatte ich schon berichtet. Es gibt noch viel mehr seltsame Geschichten dieser Couleur: der Bahnmitarbeiter, der im Zugrestaurant keine kleine Portion Kartoffelsuppe verkaufen konnte (es war nicht mehr übrig als eine kleine Portion, und der Gast wollte auch nicht mehr), und das nur, weil im Kassensystem keine halben Portionen programmiert waren. Der Fahrradverkäufer, der das gewünschte Fahrrad nicht verkaufen konnte, weil es zwar im Lager stand, im Warenwirtschaftssystem des Ladens aber nicht auffindbar war.

Echte Servicehelden verstehen es, mit ihren bürokratischen Systemen Spaß zu haben und diesen mit den Kunden zu teilen. Einen dieser Momente erlebte ich dieses Jahr im Frühling. Ich hatte über Ostern einen Urlaub auf Mallorca gebucht. Zuerst das Hotel. Ich war noch nicht sicher, wie lange ich wirklich bleiben wollte. Insofern hatte ich mir die Flugmöglichkeiten zwar angeschaut, aber noch keinen Flug gebucht. Davon gibt es ja nach Mallorca von Düsseldorf aus jede Menge. Als ich dann schließlich den Flug fest buchen wollte, erschrak ich, denn es gab keinen mehr, oder zumindest nicht die Verbindung, die ich gerne buchen wollte. Es blieb mir nichts anderes übrig, als an einem Sonntagnachmittag die Hotline anzurufen. Dies in der Hoffnung, noch einen Meilenflug zu ergattern.

Sehr freundlich, aber ein wenig skeptisch sagte der Mitarbeiter an der Hotline zu mir: »Hmmm, da brauchen wir aber sehr viel Glück, Frau Hübner, die Verbindung ist schon auf Warteliste.« Ich antwortete: »Sie würden mir ein wirklich großes Sonntagsgeschenk machen!« Er: »Ja – zumal Sie ja auch noch bald Geburtstag haben.« So ging das eine Weile recht humorvoll hin und her. Plötzlich sagt er: »Ja!!! Ich habe das Vorab-Geburtstagsgeschenk für Sie. Und die Warteliste ist bestätigt.« Ich freute mich wie ein

Schneekönig! Er: »Dann reserviere ich Ihnen gleich noch einen schö-
nen Platz. Wo mögen Sie denn sitzen?« Ich in meiner Euphorie und ein
wenig übermütig: »Gang und wie immer weit vorne. Und können Sie
mir bitte noch **einen netten Sitznachbarn**
besorgen?« Er antwortet: »Jetzt reserviere ich erst mal den Zubringer-
flug nach Frankfurt, da ist der Sitznachbar noch nicht so wichtig. Den
reserviere ich Ihnen dann auf der Strecke Frankfurt – Palma. Denn ers-
tens dauert der Flug dorthin länger und zweitens sind Sie ja dann die
ganze Woche da, dann macht der Sitznachbar auch richtig Sinn!«

Ich musste herzlichst lachen … So wird ein Hotline-Kontakt zu einem Moment der persönlichen Freude. Was zu der guten Frage führt: Können wir als Unternehmer so etwas bei unseren Mitarbeitern entwickeln? Oder sind wir hier auf das Schicksal angewiesen, das uns Servicehelden ins Unternehmen spült – oder eben nicht?

Um es gleich zu sagen: Ja, so etwas lässt sich schulen. Wenn wir das aber erfolgreich tun wollen, müssen wir auf einen Faktor achten, der in den meisten Fällen vergessen wird: der Hintergrund der Mitarbeiter. Nicht jeder hat den Mut, aus vorgeschriebenen Rollenskripten auszusteigen oder technische Systeme auszuhebeln. Aus sozialwissenschaftlichen Studien wissen wir, dass viele Mitarbeiter schon derartig viel Mühe haben, den Erwartungen überhaupt zu entsprechen, dass sie gar keine Kapazitäten für heldenmäßige Kapriolen übrig haben. Das hat etwas mit **Sprachkenntnissen** zu tun: Wenn ich mich mit meinem Kunden nur rudimentär verständigen kann, dann bin ich auch zu Scherzen nicht in der Lage. Es hat auch etwas mit dem **Bildungsniveau** zu tun – wie Gerhard Schulze es schon 1992 in *Die Erlebnisgesellschaft* beschrieben hat.

Mitarbeiter mit einer eher geringen oder mittleren Bildung neigen Schulze zufolge dazu, die Herausforderungen des Joballtags nicht als positive Impulse zu sehen, sondern als »Feld von Bedrohungen« – oder als Feld mit bestimmten normativen Erwartungen, die es um jeden Preis zu erfüllen gilt. Also werden sie bei derartigen Herausforderungen nicht versuchen, sich mit besonders waghalsigen Lösungsversuchen rund um besondere Kundenwünsche hervorzutun – viel wahrscheinlicher werden sie die Aufgabe von sich wegschieben und zum Beispiel »das System« für ihr Nicht-Handeln verantwortlich machen. Sie werden abtauchen (einfach nicht kommen), sich ahnungslos stellen (»I have nooo idea!«) oder ganz strikt Dienst nach Vorschrift schieben (um »alles richtig« zu machen). Das trifft natürlich nicht auf alle Menschen mit niedrigem Bildungsniveau zu – eine Tendenz in diese Richtung lässt sich aber nachweisen. Das grundlegende Lebensgefühl dieser Menschen lässt sich laut Schulze jedenfalls mit *Bedrohung* und *Anpassung* beschreiben. Keine guten Grundlagen für Serviceheldentum ... Genau deshalb ist es das Wichtigste, diesen Mitarbeitern den Rücken zu stärken, sie souverän zu machen, ihnen Selbstvertrauen zu geben. Die Botschaft, dass es auf das WIE mehr ankommt als auf das WAS, ist für diese Mitarbeiter ermutigend und entlastend zugleich: Lieber ein herzliches Gespräch mit Grammatikfehlern als gar keins!

Anders sieht es der Tendenz nach bei Menschen aus Sozialmilieus mit hohem Bildungsniveau aus: Hier steht viel häufiger das Lebensgefühl *Bewährung* und *Selbsterfahrung* im Mittelpunkt. Wer per se Aufgaben liebt, die schwierig zu bewältigen sind und mit denen man sich gegenüber Kunden und Kollegen auszeichnen kann, der wird auch in Sachen Service viel mehr wagen als ein angepasster, sogar ängstlicher Mitarbeiter. Ähnlich risikobereit wird auch jemand handeln, der Serviceaufgaben als Chance sieht, sich selbst immer wieder neu kennenzulernen, sich selbst zu entwickeln, neue Erfahrungen zu machen.

Der Verdacht liegt nahe, dass die glorreichsten Servicehelden aus ebendiesen Milieus stammen: aus dem *Niveaumilieu* (der Begriff stammt von Schulze) mit seinem Faible für Bewährungsaufgaben und aus dem *Selbstverwirklichungsmilieu* mit seiner Lust auf Selbsterfahrung. Und ich bin überzeugt davon, dass Schulungen zum Thema Service diese grundlegend unterschiedlichen Haltungen zu sich selbst und zur Welt berücksichtigen müssen, wenn sie erfolgreich sein wollen.

Um Missverständnisse an dieser Stelle zu vermeiden, hier noch eine Anmerkung: Soziologische Forschungsergebnisse klingen immer etwas nach »Schubladendenken«. Doch darum geht es mir nicht. Es geht mir darum, zu zeigen, dass wir eine nur wenig engagierte Servicehaltung bei Mitarbeitern nicht gleich pauschal aburteilen und mit Etiketten versehen wie »faul«, »nicht empathisch« oder sogar »bösartig«. Manchmal steckt eben etwas anderes dahinter! Servicetrainings sind erfolgreicher, wenn man weiß, wo genau beim einzelnen Mitarbeiter die Entwicklungsaufgabe liegt. Nicht zuletzt ist es eine Frage der Menschlichkeit, mit negativen (Vor-)Urteilen vorsichtig zu sein.

Wenn Servicehelden mit Empathie verblüffen

Im September 2016 hat ein Polizist mit einem ungewöhnlichen Showact ein Menschenleben gerettet: Auf dem Fensterbrett in der dritten Etage eines Hochhauses stand ein Mann, entschlossen, sich in die Tiefe zu stürzen. Die Polizei wurde geholt – doch sie stand erst einmal hilflos vor dem Haus. Große Frage: Wie hält man einen suizidgefährdeten Menschen davon ab, im nächsten Moment vom Fensterbrett zu springen? Auf einer Brücke ist das etwas anderes. Da reden Polizisten ruhig auf den verzweifelten Menschen ein, zur Not wird er am Schlafittchen festgehalten. Alles ein bisschen schwierig von unten, wenn jemand zehn Meter weiter oben am seidenen Faden hängt.

Da nimmt sich einer der Polizisten ein Herz, mimt Andreas Gabalier und schmettert lauthals den aktuellen Oktoberfest-Schlager mit dem sinnfreien Titel **Hulapalu**. *Und das weit weg von München, mitten in Frankfurt am Main. Völlig verblüfft über das launige Ständchen bleibt der Mann auf der Fensterbank wie angewurzelt stehen, was den Einsatzkräften genau die zum Öffnen der Wohnungstür notwendigen Minuten verschafft.*

»I und du und nur der Mond schaut zu, dann sagst du Hulapalu« – über den Tiefgang dieser Zeilen wollen wir hier nicht streiten. Wichtig ist nur: Dem Mann wird **das Leben** *gerettet. Weil ein Polizist sich nicht zu schade ist, aus der Rolle zu fallen. Dass bei solchen Einsätzen mit Ablenkungsmomenten gearbeitet würde, sei ein gängiges Mittel der Polizei. Dass ein Polizist dabei singe, sei allerdings die große Ausnahme, betont der Sprecher der Polizei. »Dazu gehört Mut, mitten auf einem Gehweg mit Menschen.«*

Zugegeben: Jetzt haben wir schon zwei Mal mit singenden Servicehelden zu tun gehabt. Einmal in der Wäscherei und einmal beim Polizeieinsatz. Damit Sie nun nicht den Eindruck gewinnen, Serviceglück ließe sich hauptsächlich mit Gesang erzeugen, hier noch ein Beispiel für einen ganz anderen, außergewöhnlichen Servicemoment. Auch hier fällt der Mitarbeiter gekonnt aus der Rolle:

*2015 war ich das erste Mal in Kuba. Unter anderem verbrachten wir eine Woche auf der »Starclipper«, einem sehr schönen Segelschiff, und segelten um die Insel. Um auf keinen Fall das Ebola-Virus ins Land zu schleppen, kam jedes Mal, wenn wir das Schiff jenseits der Grenzen verließen, ein kubanisches Ärzteteam an Bord, um bei der Crew und bei jedem Gast die Körpertemperatur zu messen. Bei einer Messung stand ich ganz vorne in der Schlange und ging dann direkt zum Frühstück. Das Restaurant war leer und noch keiner meiner Freunde da. Also nahm ich alleine an einem Tisch Platz. Die junge Crew aus zig Nationen war gut geschult und bemüht sich sehr um unser Wohlergehen. Sobald die Mitarbeiter einen Gast einsam wahrnahmen, versuchten sie, ins Gespräch zu kommen. So auch an diesem Morgen. Ein junger philippinischer Kellner stellt sich mit der Kaffeekanne vor mich hin, strahlt mich an und sagt lächelnd »Good morning, **what is your temperature** today **!?**« » Im ersten Moment war ich verblüfft und wusste gar nicht, was er meinte – bis mir die morgendliche Fiebermessung in den Sinn kam.*

Gelingender Service ist natürlich und nicht gezwungen. Genauso wenig bedeutet Liebe zum Kunden, jede Distanz aufzuheben. Die Kunst besteht darin, Emotion und Rationalität auszubalancieren und in ein ausgewogenes Verhältnis zu bringen. Wobei sich »Empathie« auch auf Dinge beziehen kann, die für Kunden relevant sind: Kinderkuschelbären, Lieblingssonnenbrillen und Blumen, zum Beispiel:

Heute stieg meine Freundin und Kollegin Monika nach einem Vortrag in Frankfurt mit einem großen Blumenstrauß ins Flugzeug. Kaum saß sie, hörte sie ein lautes »ratsch, ratsch, ratsch« im vorderen Teil des Flugzeuges. Dann wieder »ratsch, ratsch, ratsch«. Die Flugbegleiterin sieht ihren Kollegen an und fragt: »Was machst du da?« Er: »Ich schneide eine Plastikflasche ab.« Dann kommt er mit der halben Flasche um die Ecke, gefüllt mit Wasser, und sagt zu Monika »Sonst vertrocknen doch Ihre schönen Blumen«, stellt den Strauß ins Wasser und verstaute ihn sicher in der Bordküche.

Der wahre Held ist der Kunde

Architekten können ein Lied davon singen: Das Viertel mag noch so wunderschön geplant und perfekt umgesetzt worden sein, kaum ziehen die Bewohner ein, werden Gartenzwerge aufgestellt und die herrlich minimalistischen Haustüren durch Butzenscheiben in Plastikfurnier ersetzt. Es wird nicht oft darüber gesprochen, aber ähnliches passiert in Hotels und Ferienwohnung regelmäßig: Da werden Betten umgeräumt und Matratzenlager gebaut, Tische hochkant gestellt und Stühle gestapelt. Gehen wir weiter zum Restaurant: Hier salzen und pfeffern Gäste ihre Speisen heftig nach und dekorieren ihre Teller um, *bevor* sie überhaupt davon probiert haben.

SERVICE-
GLÜCKS-
BRINGER
#4

Der wichtigste und glorreichste Held in Ihrer Servicestory ist IHR KUNDE.

Fragt man sich: Warum in aller Welt tun sie das? Wissen die Kunden die Kompetenz der Experten nicht zu schätzen?

Das könnte man meinen, die Sache ist aber viel einfacher: Ihr Kunde will *mitspielen* im Servicedrama, das eben nicht nur *für ihn* aufgeführt werden sollte, sondern im Idealfall *mit ihm*.

Auch der Kunde bricht gerne Regeln

Kennen auch Sie die Kunden, die immer eine Extrawurst haben wollen? Sie möchten einen Zusatzkoffer mitnehmen, sie möchten an anderer Stelle parken als vorgesehen, sie dringen unerlaubt in Lagerräume oder Küchen ein. Sie stellen sich in einer Warteschlange grundsätzlich vorne an oder tun Dinge, die noch viel weniger charmant sind. Was treibt diese Kunden an?

Ich meine: Es ist die Lust am VIP-Status, und es ist Geltungsdrang. Nicht jeder Kunde teilt diese Lust, aber im Selbstbild mancher Kunden ist das VIP-Schild quasi eingebaut. Wer versucht, Kunden dieser Kategorie in die Schranken der Gewöhnlichkeit zu verweisen, handelt sich automatisch Ärger ein. Wie Serviceglück in diesem besonderen Fall zu erreichen ist, weiß der Experte für das besonders Wertvolle, Mario Pricken:

> *»Wer Vortritt hat, anstatt in endlosen Schlangen zu warten, wer als Einziger direkt vor dem Eingang parken darf, wer als Gast auch Zugang zur Küche hat oder wer Regeln brechen darf, die für alle anderen tabu sind, kommt in den Genuss des Besonderen. Privilegien*

zu genießen bedeutet, kaum an Grenzen zu stoßen und sich über das Normale hinwegzusetzen. Solche Services übertreffen regelmäßig die Erwartungen und bleiben unauslöschlich in Erinnerung.«

Das heißt für Sie: Machen Sie für VIPs mit starkem Geltungsdrang Regelbrüche zur Regel. Aber verraten Sie es ihnen nicht …

ENTSCHEIDEND IST DIE HALTUNG

Die Servicehelden-Geschichten und die gut inszenierten Servicedramen funktionieren nur, wenn es in den Geschichten um einen Wertekonflikt geht – und der Held sich klar auf die »gute Seite der Macht« stellt. Indem er zum Beispiel für den Kunden »gute Zeit« gewinnt, und zwar gegen die überall herrschende »böse« Zeitknappheit. Oder indem er für den Kunden eine »gute Sache« durchsetzt, ihm also ein persönliches Bedürfnis erfüllt, und zwar im Kampf gegen die »bösen« technischen Systeme. Indem er »gute Gefühle« und Empathie zeigt, obwohl das in den »bösen« Rahmenbedingungen der Nicht-Orte – klinische Flughäfen, öde Tankstellen, seelenlose Bürogebäude – kaum möglich ist.

Sehen wir die Sache noch eine Stufe abstrakter: Wer sich auf die »gute Seite der Macht« stellen will, der muss wissen, welche Wertvorstellungen hier überhaupt hoch gehalten werden. Das zeigt: Serviceglück ist gar nicht in erster Linie eine Frage des Zeitmanagements, der IT-Systeme, der Empathie. Serviceglück ist auch kein Projekt und kann auch nicht Sache einer Abteilung sein. Die Wahrheit liegt viel tiefer:

SERVICE IST KEIN PROJEKT, SERVICE IST EINE HALTUNG.

Mit ihrer Haltung besonders beeindruckt hat mich einmal die Assistentin eines CEO in der Hightech-Industrie. Ihr Handeln zeugte von einer tiefen Menschlichkeit, Empathie und Großherzigkeit:

Einer meiner Kunden, CEO eines Schweizer Konzerns, hatte ein sehr schwieriges Kundengespräch vor der Brust – die Reklamation eines großen Hightech-Unternehmens. Auf dem Weg dorthin schüttete er sich in der Raststätte einen Becher Kaffee über sein weißes Hemd. Rechtzeitig, doch wie ein begossener Pudel erscheint er zum Termin und entschuldigt sich für seinen Fauxpas. 10 Minuten später unterbricht die Assistentin des Kunden das Gespräch und bringt dem »Lieferanten« ein nagelneues Hemd, das sie in Windeseile besorgt hatte. Es war ihr ein Anliegen, dass sich beide Gesprächspartner bei diesem herausfordernden Meeting wohlfühlen. Groß!

Wo ist die »gute Seite der Macht«?

Und was heißt das? Haltung? Es ist eine Frage der Ethik, also der grundsätzlichen Einstellung zu sich selbst, zu anderen Menschen, zu den eigenen Aufgaben, zu dem, was wichtig ist im Leben. Über diese Fragen habe ich mir zusammen mit meinem Geschäftspartner Carsten Rath in unserem gemeinsamen Buch *Das Leben, ein bunter Hund* (2016) Gedanken gemacht. Was sind die »starken Werte« im Leben – in meinem Leben, in Ihrem Leben? Kurz: Was ist für mich wichtig? Welche Haltung nehme ich ein, und warum eigentlich?

Oft beschreiben mir Kunden, dass sie die Servicehaltung im Unternehmen verändern wollen. Sie wünschen sich mehr Begeisterung auf Kundenseite und mehr Empathie bei den Mitarbeitern. Viele wollen mich für einen Vortrag buchen. Natürlich halte ich leidenschaftlich gern Vorträge, dennoch widerspreche ich in manchen Fällen: Ein Vortrag motiviert, begeistert und spornt an. Aber ein Vortrag allein ist nur ein Impuls, und ein Impuls verändert die Haltung nicht. Wenn im Unternehmen ein Spirit entstehen soll, der großartige Servicegeschichten schreibt und Kunden nachhaltig begeistert, brauchen Unternehmen ein Werkzeug, mit dem sie haltungsrelevante Themen regelmäßig bei ihren Mitarbeitern motivierend adressieren. Genau dafür haben wir das Nachhaltigkeitskonzept *welearning* entwickelt.

Entscheidend ist die Haltung, die Unternehmen gegenüber ihren Kunden einnehmen. Mehr Umsatz durch Kundenglück? Das ist langfristig der richtige Weg. Oder Umsatz ohne Kundenglück? Das funktioniert kurzfristig auch, langfristig aber nicht. Überall kann es passieren, dass sich die internen Arbeitsabläufe und die Kennzahlen auf der Prioritätenliste vor das schieben, um das es eigentlich gehen sollte. In einem Krankenhaus: Menschen, die gesund werden wollen. In einem Autohaus: Menschen, die sicher Auto fahren wollen! Dazu möchte ich Ihnen ein Erlebnis erzählen, das eine meiner Geschäftspartnerinnen erlebt hat:

Winterzeit, es stehen ein Reifenwechsel und der Kauf zweier neuer Hinterreifen an. Im Kontakt mit dem Ersatzteilemitarbeiter des Auto-

hauses erfahre ich von einer **»starken *Sägezahn-ausbildung«*** meiner Vorderreifen. Ratloses Gesicht meinerseits. Auf meine Frage, was dies sei, antwortet der Mitarbeiter: »Die Profilblöcke stehen halt auseinander und gehen nicht mehr in die Ursprungslagen zurück.« Ich: »Was bedeutet das denn genau?« Er: »Es ist so, wie ich es halt sage!« Ich: »Wodurch ist das an nur zwei Reifen geschehen?« Er: »Keine Ahnung.« Ich: »Müssen dann nicht auch diese Reifen gewechselt werden?« »Können sie, müssen aber nicht.« Ich bin weiter ratlos.

Noch während des Gesprächs recherchiere ich im Internet das Wort »Sägezahnausbildung« und stelle erschrocken fest, dass dies auch mit einer verstellten Achsgeometrie oder dem Defekt von Stoßdämpfern zu tun haben könnte. Ich frage also den Mitarbeiter, warum das Autohaus mir das nicht mitteilt, damit ich das Fahrzeug checken lasse. Er: »Das weiß ich nicht.« Ich: »Sprechen die Abteilungen denn nicht miteinander?« Er: »Nö, ich gebe das nur in die EDV ein.«

Ich lasse mich mit dem Kundendienst verbinden. Ratlosigkeit hinsichtlich meiner Frage des Fahrzeugchecks. Man werde mich zurückrufen. Dies geschieht nach weiteren zehn Minuten. Dieser: »Ja, natürlich sollte unser Haus dem Kunden empfehlen, das Auto zu checken, bevor neue Reifen bestellt und aufgezogen werden. Bei einer solchen Diagnose sehen wir doch gleich einen Umsatz für unser Autohaus!« Ich, bis ins Mark erschüttert: »Sie sagen mir jetzt also nicht, dass Ihnen meine gefahrlose Autofahrt am Herzen liegt, und dass Sie alles tun, damit mein Auto für mich fit ist?« Antwort: »Doch, auch«.

Das ist ein Beispiel für verrutschte Prioritäten. Der vermeintliche Serviceheld kämpft statt für das Kundenglück für das interne Kennzahlenglück. Schlimm genug – und dass er es selbst noch nicht einmal bemerkt, finde ich persönlich am schlimmsten.

Mancher Serviceantiheld hat auch vergessen, dass im Mittelpunkt seiner Geschäftsidee nicht das eigene Wohlgefühl, die eigene Gemütlichkeit und Bequemlichkeit stehen sollten – das natürlich auch, aber nicht an erster Stelle der Prioritätenliste. Sondern die des Kunden. Hier liegt die »gute Seite der Macht«, für die es sich zu kämpfen lohnt. Sie liegt eben nicht auf der Oberfläche des eigenen Smartphones.

Genau das erlebe ich aber jede Woche gleich mehrmals. Reisen gehören zu meinem Geschäftsalltag und ich werde zu Hause häufig von einem Taxi abgeholt. Die Unterschiede in der Zuwendung könnten größer nicht sein. Es ist immer das gleiche Spiel.

Der Taxifahrer klingelt – ich antworte über die Gegensprechanlage »Guten Morgen, bin schon unterwegs«. Da ich in der ersten Etage wohne, habe ich keinen langen Weg. Wo befindet sich der Taxifahrer, wenn ich 60 Sekunden später durch die Haustür gehe? Richtig – in sieben von zehn Fällen sitzt er im Wagen und spielt mit seinem Telefon. Nicht selten klopfe ich dann erst einmal an die Fensterscheibe – nach dem Motto: »Überraschung, ich bin da!«

Etwa drei von zehn Fahrern warten immerhin vor dem Taxi, halten die Autotür auf und haben sogar den Kofferraum bereits geöffnet. Und manchmal, wenn es regnet, steht der ein oder andere sogar mit dem

aufgespannten Schirm vor der Haustür, damit ich nicht nass werde.
Jetzt ist es nicht sonderlich schwer zu erraten, wer größeren Respekt
und mehr Trinkgeld erntet.

Starke und schwache Wertungen

Unsere *Haltung* ist wie ein Kompass, mit dem wir uns in der täglichen Betriebsamkeit orientieren können. Was ist wichtig, was ist weniger wichtig? Wofür lohnt es sich zu kämpfen, wofür *müssen* wir unbedingt kämpfen? Was ist wertvoll, was ist billig? Was ist schön, was ist unschön? »Starke Wertungen bestimmen damit so etwas wie die Höhenlinien unserer kognitiven Weltkarte: Sie definieren die ›Berge‹ des Anzustrebenden und die ›Täler‹ des zu Vermeidenden«, erklärt Hartmut Rosa.

Zentral für uns ist an dieser Stelle das Wörtchen »kognitiv«. Es bedeutet, dass wir uns auf dieser Wertelandkarte durch den Verstand gesteuert bewegen. Hier befinden wir uns in der Sphäre unserer »bewertend-kognitiven« Weltbeziehungen. In der wir mit Verve unterschreiben: Sport ist gut, Obst ist gut, Lesen ist gut.

Aber das ist – wir wissen es alle – nur die halbe Wahrheit. Denn neben unserer offiziellen Wertelandkarte pflegen wir, heimlich sozusagen, noch eine zweite Orientierungshilfe durch die Wirren des Lebens: die Karte mit all den Fixpunkten, auf die sich unsere Affekte richten, unser Begehren, unsere Lust. Je nachdem, welcher Karte wir gerade folgen, handeln wir nämlich ganz anders als nach unserer kognitiv hoch geschätzten starken Wertekarte: Wir wählen Sofa statt Sport, Süßkram statt Obst, Handyspielen statt Lesen.

Und das ist gut so! Denn anders als es Verfechter eines streng lustfeindlichen Leistungsethos meinen, haben wir Menschen eben nicht nur einen Verstand, dessen Anweisungen es zu befolgen gilt, sondern auch Gefühle. Es ist zwar durchaus möglich, diese Gefühle fortwährend zu ignorieren und das mag sich zunächst sogar positiv auf die Leistungsfähigkeit auswirken. Zum »zwar« gehört jedoch ein »aber«, und das geht so: Wer nur seinen kognitiv für richtig befundenen Werten folgt und nach diesem Maßstab »alles richtig macht«, der hört irgendwann seine eigene Stimme nicht mehr. Der verliert seine Lebensenergie. Rosa nennt dies den **»vibrierenden Draht zur Welt«.** Ich sage: seine Fähigkeit zu lieben. Sich selbst zu lieben, aber auch den Kunden zu lieben. Wer als Serviceexperte abgekoppelt von seinen eigenen Gefühlen nur »alles richtig macht«, der hat sich in einen Serviceroboter verwandelt.

Wir brauchen sie also, die zweite Landkarte, die unsere »begehrend-affektive« Beziehungskiste Richtung Welt abbildet. Sie ahnen es schon: Wer wiederum *nur* dieser Karte folgt, der hat zwar vielleicht vordergründigen *Spaß*, wird aber auch nicht glücklich. Weil eben die *Freude* an dem auf der »starken« Landkarte verzeichneten Sinn fehlt. Rosa erklärt die Differenz wie folgt:

> *»Spaß ist das Ergebnis der Befriedigung schwacher Wertungen (...),*
> *Freude stellt sich dagegen ein, wenn dadurch oder dabei auch unsere*
> *starken Wertungen erfüllt werden, wenn wir also überzeugt sind, in*
> *und mit unserem Tun oder Erfahren an etwas schlechthin Wichtigem*
> *teilzuhaben oder mit ihm in Berührung zu sein.«*

Was heißt das jetzt konkret? Dazu ein Beispiel:

Frühstücken im Hotel: Ich weiß rational, dass Obst besser für meine Gesundheit ist als Schokocroissants. Zu meinem Glück habe ich am Morgen eine Riesenlust auf Obstsalat – und zwar, *bevor* ich mich ausgehfein gemacht habe. Wenn es nun ein Mitarbeiter an meinem jeweiligen Aufenthaltsort fertig bringt, mir morgens einen richtig leckeren Obstsalat zu organisieren und in mein Zimmer zu bringen, dann bin ich doppelt glücklich: weil er meine kognitive Überzeugung zu gesunder Ernährung bedient *und* mir zugleich ein affektiver Herzenswunsch erfüllt wird.

Das ist der Grund, warum die berühmte Schokopraline auf dem Hotelkopfkissen so viele Kunden eben langfristig nicht beglückt. Sie spricht nur den Jetzt-sofort-Haben-Wollen-Wunsch an (das affektive Begehren), widerspricht aber der gängigen Vorstellung zum Thema gesunde Ernährung (die kognitive Überzeugung).

Das ist übrigens auch der Grund, warum »kaufen« plus »spenden« so gut zusammen funktionieren: Wenn ich im Shop XY etwas für mich aus reiner Lust und Laune kaufe und gleichzeitig weiß, dass ein bestimmter Prozentsatz meiner Investition einem guten Zweck zugute kommt, dann ist mein Gewissen zusätzlich zufrieden.

Und was, wenn der Kunde nicht mitspielt?

Es gibt sie überall, die permanent unzufriedenen Kunden. Sie sind die große Herausforderung für jedes Unternehmen, das sich exzellenten Service auf die Fahnen geschrieben hat. Denn sie stehen mit der Welt auf Kriegsfuß, und mit sich selbst obendrein:

Ich flog mit der Frühmaschine nach Stuttgart. Es war ein kleines Flugzeug und der Flug war bis auf den letzten Platz ausgebucht. Ich saß auf meinem Gangplatz, als ein großgewachsener Herr ungestüm zustieg und ohne Worte seine beiden Zeitungen über mich hinweg auf seinen Fensterplatz knallte. Dann versuchte er seinen sehr vollen und voluminösen Aktenkoffer auf Rollen in das Gepäckfach zu stopfen. Da das nicht funktionierte, schnappte er einfach wahllos die Taschen anderer Reisender und warf sie grob in andere Fächer. »Geht´s noch?« beschwerten sich einige Fluggäste. Schließlich blaffte er die Flugbegleiterin an, die seinen Koffer vorne verstaute. Dann war ich an der Reihe: Grußlos ranzte er: »Ich muss da rein.« Nach der Landung in Stuttgart war die Sekretärin an der Reihe. Wieder ohne ein »Guten Morgen« pfiff er los: »Was haben Sie denn da für eine Sch... gebucht? Seit ich keinen HON-Status mehr habe, behandeln mich die hier **wie den letzten Idioten!** *« »Sie benehmen sich ja auch wie einer«, hätte ich wohl gesagt, wenn ich nicht so gut erzogen worden wäre.*

Der Mann hatte genau das bekommen, was er gebucht hatte: Einen Economy-Platz auf einem pünktlichen Flug von Düsseldorf nach Stuttgart, einen kleinen Snack und eine Getränkeauswahl. Auf meinem Weg zum Kunden versuchte ich mir vorzustellen, was für eine Art von Unternehmenskultur wohl unter dem Vorbild einer solchen »Führungskraft« entsteht. Und fragte mich, ob ein Mensch mit einem derartigen Verhalten sich wohl selbst leiden mag.

Chronisches »Knirschen« zwischen einem Menschen und seiner Welt – in unserem Fall ist der Kunde und das Unternehmen gemeint – entsteht immer dann, wenn es beiden Seiten nicht gelingt, sich in einer gemeinsamen Servicegeschichte aufeinander einzuschwingen. Dahinter steht oftmals eine übermäßig aktivistische Macherhaltung oder übermäßig passive Opferhaltung des Kunden. Für beide Ausprägungen gibt es eine Fülle von Beispielen:

Aktivistische Macherhaltung: Menschen mit dieser Grundhaltung glauben, dass sie selbst so etwas sind wie Fixsterne in einer beliebig veränderbaren Welt. Typisch ist der Glaubenssatz: »Es muss immer alles ganz genau so sein, wie ich mir das vorstelle, sonst ist es eine **Katastrophe** für mich.« Wer mit dieser Haltung unterwegs ist, beschwert sich gerne mal bei einem Gastgeber über das landestypische Klima.

Passive Opferhaltung: Wer so denkt und fühlt, sieht die Welt als bedrohlich, chaotisch, bösartig. Er selbst hat den Eindruck, gegen die schlechte Welt nichts ausrichten zu können und befindet sich gefühlt permanent auf der Flucht. Zum Handeln fühlt er sich zu schwach, aber eines bleibt ihm: die Anklage. Sein Glaubenssatz: »Die Welt ist schlecht zu mir und ich habe immer Pech, deshalb muss ich auf mein *Recht* pochen.«

SERVICE-
GLÜCKS-
BRINGER
#6
Chronisch negativ gestimmte Kunden reagieren auf negative Formulierungen POSITIV.

Wie ist es möglich, solchen Kunden gegenüber Resonanz aufzubauen? Ganz ehrlich? Das ist sehr schwierig. Ich persönliche quittiere Unfreundlichkeit immer mit besonderer Freundlichkeit. Erfolge lassen sich manchmal auch erzielen, indem man die durchweg negativen Formulierungen des Kunden aufgreift. Etwa so: »Ich sehe, dass Sie beruflich sehr stark eingespannt sind. Wahrscheinlich wollen Sie heute Abend *lieber keinen Platz* in unserem Restaurant reservieren? Oder möchten Sie noch einmal darüber nachdenken?«

Es geht um das WARUM

Im Service geht es also nicht nur um das WAS, sondern entscheidend um das WIE: Serviceglück blüht dann auf, wenn die Produktqualität herausragend ist, die Qualität der Begegnung tief berührt, die Inszenierung im Kunden und im Serviceexperten viele schöne Saiten zum Klingen bringen:

- **Emotionalität**: Affekte, Wünsche und Erinnerungen, Träume und Sehnsüchte.
- **Rationalität**: kognitiv verankerte Wertvorstellungen, Wissen oder Vermutungen rund um die Geschichte bestimmter Orte, bestimmter Rituale, um Kunst und Design, Speisen und Musik.

Dies alles steht als »Gesamtkunstwerk« für Serviceglück. Und das zeigt noch einmal: Freundlichkeit allein reicht noch lange nicht. Kompetenz allein auch nicht.

Ich erinnere mich an eines meiner Projekte im Gesundheitswesen. Die Stimmung im Unternehmen war nach misslungenen Umstrukturierungen und Fehlentscheidungen am Tiefpunkt. Kein Wunder, denn bei den Mitarbeitern wurde sowohl das ignoriert, was ihnen rational wichtig war (»Mitarbeiter und Patienten sind wichtiger als die Kennzahlen«), als auch das, was sie emotional bewegt hat (»Ich möchte mit meiner Arbeit Menschen helfen«). Im Rahmen der Umstrukturierungen gab es für die Mitarbeiter wenig Respekt – erzählte mir der neue Klinikleiter. Alle drehten sich nur noch um sich selbst. Ein empathisches Eingehen auf die Patienten reduzierte sich in der Folge auf ein Minimum.

Die Folge: Stolz auf das eigene Unternehmen? Fehlanzeige. Bereitschaft für einen ausgeprägten Servicegedanken am Patienten? Nicht mehr vorhanden. Als ein angeschlagener Patient eine Krankenschwester fragte »Könnten Sie mir bitte die Fernbedienung reichen?«, schmetterte sie ihm ins Gesicht »Ich bin doch nicht Ihr Kindermädchen«. Auflehnung gegen alles auf der ganzen Linie. Nicht gerade der ideale Nährboden für Servicekultur.

Und eine Herausforderung für mich als Serviceexpertin. Ich sollte einen Vortrag halten und entschloss mich zu einem Experiment. Als Einstieg warf ich eine provokante Aussage auf: »Ich habe mir in den letzten Tagen Gedanken gemacht, was eigentlich passieren würde, wenn es Ihre Klinik nicht mehr gäbe.« Und ich gab selbst einige Antworten: »Die Patienten würden dann einfach in die XY-Klinik gehen. Die besten Mitarbeiter könnten vielleicht dort auch unterkommen. Das Gebäude würde verkauft. Ich habe mich gefragt: **Was würde Ihrer Stadt ohne Sie fehlen?«**

Ich hatte Glück. Die Mitarbeiter fingen an, sich beherzt zu verteidigen und ihre Antwort auf das Warum selbst zu geben. Sie legten die verschütteten Landkarten ihrer starken und schwachen Werte zaghaft wieder frei mit der Hoffnung, dass neue Arbeitsbedingungen eine Ausrichtung nach diesen alten Werten wieder ermöglichen würden. So keimte das erste zarte Pflänzchen für eine neue Servicehaltung auf.

Am Beginn einer jeden Zusammenarbeit mit Unternehmen zum Thema »Service-kultur« steht also die Suche nach gemeinsamen Antworten auf die Sinnfrage. Auf das **WARUM:**

- Welche Wertvorstellungen treiben uns an? Warum sind uns diese Werte wichtig?
- Warum schafft Service einen Wert für die Mitarbeiter, die Kunden und das Unternehmen?
- Warum macht es Sinn, dass sich Mitarbeiter und Führungskräfte für exzellenten Service engagieren?
- Warum sollten die Kunden lieber bei uns kaufen als beim Wettbewerber?
- Was genau ist der Relevanzpunkt für Kunden?
- Warum also lohnt es sich für ein Unternehmen, in das Thema »Service« zu investieren?

Es gibt sie, die Unternehmen, die kaum etwas tun müssen, um Kunden für neue Produkte und Kandidaten für offene Stellen zu interessieren. Warum? Es sind die Geschichten, die über das Unternehmen erzählt werden. Es ist die Mission, für die Mitarbeiter morgens gerne aufstehen und auch Strapazen in Kauf nehmen. Es ist die Tatsache, dass sie eine Antwort auf das Warum haben.

SERVICE-
GLÜCKS-
BRINGER
#7

Wer Serviceglück
für den Kunden will,
muss das
WARUM
kennen.

Ja, Service geht unter die Haut, wenn er das Gefühl anspricht.
Glückliche Mitarbeiter schaffen glückliche Kunden. Und glückliche Kunden machen wiederum die Mitarbeiter glücklich. Das ist die Mühe allemal wert.

FAZIT_3

Serviceglück braucht eine Bühne. Atmosphäre an einem Serviceort – sei es ein Café, ein Krankenhaus, eine Werkstatt, ein Hotel oder eine Buchhandlung – berührt den Kunden in seinen Vorstellungen und Erwartungen, bringt seine Erinnerungen und Träume zum Klingen. Im Idealfall löst die Atmosphäre positive Emotionen aus und unterscheidet sich damit wohltuend von seelenlosen Nicht-Orten wie etwa Flughäfen oder Parkhäuser.

Die Kunst besteht darin, die Inszenierung für den Kunden auf der Hauptbühne von den Vorgängen zu unterscheiden, die backstage stattfinden und die auch dort verborgen bleiben sollen. Stichwort: Spülküche. Gleichzeitig braucht der Kunde auch für sich selbst sichere Backstage-Bereiche: Neben den realen Privaträumen ist in jüngster Zeit die Oberfläche des individuellen Smartphones zum wichtigsten Rückzugsort geworden – zu einem virtuellen Privatraum Das ist der Grund dafür, dass exzellenter Service immer mehr bedeutet: stabiles, sicheres und komfortables WLAN für den Kunden. Immer und überall.

Serviceglück ist Drama. Einzelne Kaufanlässe mag der Kunde zwar mitnehmen, sie halten ihn aber nicht bei der Stange und schenken ihm nur wenig Serviceglück. Was Menschen suchen, sind sinnvolle und sinnstiftende Geschichten.

168

Geschichten, die sie zum Beispiel mit ihrer eigenen Vergangenheit verknüpfen oder die etwas über ihre Zukunft erzählen.

Serviceglück stellt sich ein, wenn Unternehmen ihre Serviceleistung in eine Geschichte kleiden, wenn sie mit ihrem Service eine Geschichte inszenieren, wenn sie die Magie ihrer Historie in ihren Services erzählen oder für den Kunden biografisch bedeutsam machen. Mit einem schönen Auftakt, einem spannenden Höhepunkt, mit Überraschungen und dem Besten zum Schluss. Das gibt Struktur, das macht Freude, bringt ein Gefühl der Zugehörigkeit und damit Sinn.

Serviceglück braucht Helden, die die Grenzen des Gewöhnlichen überschreiten. Helden, die unvermutet Zeit schenken, die in letzter Sekunde doch noch ein hinderliches System aushebeln, die mit Empathie Beziehungen herstellen und die im genau richtigen Moment völlig unerwartete Dinge tun: flirten, singen und sich für ihren Kunden durch Nacht und Nebel kämpfen.

Bei aller Begeisterung für Servicehelden dürfen wir nicht vergessen: Der wichtigsten Held ist und bleibt der Kunde. Auch und gerade dann, wenn er anspruchsvoll und voller Geltungsdrang ist.

Anders als kleine Glücksmomente, die oft *en passant* und ungeplant passieren, werden »große Momente« mit Aufwand in Szene gesetzt: Heiratsantrag und Hochzeit, Jubiläum und Charity-Event, Abiball und Preisverleihung. Solche Ereignisse knüpfen nicht nur an unsere emotional gesteuerten, spontanen Gefühle an, sondern an all jene Werte, denen wir das Siegel »hohe Relevanz« verliehen haben: Familie und Gemeinschaft, Freundschaft und Gerechtigkeit, Leistung und Erfolg.

Die meisten Menschen heiraten deshalb auch nicht mal eben zwischendurch in einer knappen Pause zwischen Currywurst und Fitnessstudio, sondern bereiten ihr Fest über Monate mit höchstem emotionalem Aufwand vor. Wer so etwas schon einmal selbst durchlebt hat, wird bestätigen können: Das *erhebende* Warten auf diesen großen Tag ist ein völlig anderes als das *zermürbende* Warten auf den Servicetechniker oder auf den Heizungsableser. Es ist ein von Spannung, von Vorfreude und Aufregung geprägtes Warten. Bei Technikern und Boten weiß man nie genau, ob sie denn nun kommen oder nicht. Das Warten hat weder Struktur noch Rhythmus, sondern verfließt »halt- und richtungslos ins Offene«. Deshalb ist eine solche Wartezeit auch keine schöne oder gute Zeit, sondern eine nervtötende, sinnlose, vertane und schlechte Zeit. Byun-Chul Han nennt sie eine »schlechte Unendlichkeit«:

»Die **bonne heure**, die gute Zeit
ist das Gegenbild der **schlechten Unendlichkeit.**«

Von der Kunst, auf den richtigen Augenblick zu warten

Anders als das »schlechte Warten« fokussiert das »gute Warten« auf einen ganz bestimmten Termin – auf den Höhepunkt einer Geschichte. So baut sich Spannung auf. In der chinesischen Kultur glaubt man sogar, dass das Warten auf ein großes Ereignis sein *müsse*. Je aufmerksamer und je klüger das Warten, desto höher sei die Wirksamkeit des Ereignisses. Mit dem Warten baue sich, so die Vorstellung, wie von selbst ein positives Situationspotenzial auf, das man dann nur noch zu nutzen brauche. Dies natürlich im Rahmen eines größeren Spannungsbogens, der aber nicht von Menschen erdacht und gemacht werde, sondern quasi von allein entstehe. Für uns ein befremdlicher Gedanke, auf den wir uns auch im Westen, so meine ich, durchaus einmal einlassen könnten. Vielleicht würde es uns dann leichter fallen, bei der Suche nach magischen Momenten für den Kunden tatsächlich den *entscheidenden Augenblick* zu erwischen.

Haben Sie es nicht auch schon einmal erlebt, dass Sie bei einem Kunden eben *nicht* »nachgefasst« haben, dass Sie auf Social Media *nicht* aktiv waren – und plötzlich war trotzdem der richtige Moment gekommen, um Kontakt aufzunehmen und gemeinsam ein großartiges Projekt zu starten? Uns im Westen erscheint so etwas wie ein verrückter Zufall. Die östliche Weisheitslehre deutet es als logische Folge eines klugen Abwartens und Nicht-Handelns bis zum richtigen Moment. Wobei es entscheidend darauf ankommt, diesen Moment mit hoher Konzentration und Aufmerksamkeit überhaupt zu bemerken. Sagt man in China.

Das können wir hier im Westen auch, sage ich. Notwendig sind wieder die vier Schritte, die ich bereits vorgestellt habe:

Konzentration.

Wahrnehmung.

Kreativität.

Mut.

Konzentration: Moment mal!

Es sind die magischen Servicemomente, die nicht nur den Kunden Freude bereiten, sondern auch Mitarbeitern. Die authentische Verbindungen schaffen, und die den langfristigen Erfolg eines Unternehmens ermöglichen. Doch was ist das eigentlich? Ein Moment?

Das ist unser Leben! Wir leben von Moment zu Moment. Wenn sich diese Momente zu Episoden oder sogar zu spannenden Geschichten verbinden, dann fühlt sich das Leben für uns gut an. Sind wir aber unkonzentriert, dann sind unsere Gedanken überall – nur nicht im Hier und Jetzt.

Tausend Dinge gehen uns gleichzeitig durch den Kopf. Dann zerfällt unser Lebensgefühl in tausend unverbundene Einzelteile. Wir sind zerstreut und fahrig. Forscher nennen dieses Phänomen *mind-wandering*, und sie haben herausgefunden, dass die meisten Menschen in zwei Dritteln ihrer bewussten Zeit keine Kontrolle über ihr Denken haben. Dabei ist die Konzentration genau auf diesen Augenblick ein großer Luxus – für alle Seiten. Und ein Glück, wenn wir uns auf ihn einlassen und das schätzen, was wir gerade jetzt haben. Konzentration ist ein Glücksbringer par excellence, und zwar nicht nur zwischen Kunden und Mitarbeitern, sondern auch zwischen Kunden:

Im rappelvollen Flugzeug sitze ich am Fenster, mein Nachbar am Gang. Der Mittelplatz ist frei – NOCH. Als die Flugbegleiterin sagt: »Boarding completed«, hebe ich kurz den Vorhang zur Business-Class ein kleines Stück hoch. Mein Nachbar sagt: »Sie gucken, wie viele noch kommen und ob unser Platz hier frei bleibt!«. **Wir** *lachen* herzlich. *Der Platz bleibt frei – als einziger. Wir genießen beide das bisschen mehr Raum. Und obwohl wir kein Wort mehr wechseln, fühlt sich die Stunde nach diesem kleinen Kontaktmoment sehr viel entspannter an, als die Flüge neben all den anderen oft gruß- und wortlosen, abwesenden Sitznachbarn.*

Konzentration ist die Voraussetzung für Empathie und eine hohe Begegnungsqualität. Wir alle haben eine natürliche Sehnsucht, wahrgenommen zu werden. Und auch wenn wir in einer zunehmend digitalen Welt leben, bleiben unsere Wünsche die gleichen.

Manchmal scheint uns die digitale Welt mit all ihren Möglichkeiten mehr das Gefühl zu geben, am Leben teilzunehmen. Ja, auch ich mag die digitale Welt. Und dennoch: Ein Smiley oder ein Like ist nicht das Gleiche wie der echte Blick in dankbare Augen.

DIE BEWUSSTE BEGEGNUNG MIT DEM MOMENT LÄSST UNS DAS LEBEN SPÜREN. VIELLEICHT IST DAS GLÜCK.

Ob Konzentration gelingt oder nicht, hängt von der Professionalität, der Einstellung und Konzentrationsfähigkeit der Mitarbeiter ab – und von der Organisation am Arbeitsplatz. Dazu vier Beispiele:

Aufstehen! In einer Supermarktkette werden die Mitarbeiter am Beginn des Kassiervorgangs von ihrem Kassensystem aufgefordert, die Nummer des Einkaufswagens einzugeben. Um diese Nummer zu sehen, müssen sie sich kurz vom Stuhl erheben und in den Wagen schauen. Unweigerlich unterbrechen sie ihre Routine und nehmen durch diesen Positionswechsel Blickkontakt mit ihrem Kunden auf. Und kontrollieren gleichzeitig, ob nichts im Wagen vergessen wurde.

Augenfarbe wahrnehmen! Im persönlichen Kundenkontakt wäre Folgendes interessant – Stellen Sie sich vor, das erste Feld in einem IT-System, das auszufüllen ist, wäre nicht der Name oder die Kundennummer, sondern die Augenfarbe des Kunden. Ich wäre auf das Ergebnis gespannt! So würde jeder Mitarbeiter unweigerlich kurz Blickkontakt mit seinem Kunden aufnehmen – und ... den Kunden neu entdecken!

Aus der Deckung kommen! Verschanzte Empfangsmitarbeiter sind leider die Regel in hiesigen Unternehmen. Wenn die erste Anlaufstelle der Kunden ein Empfang ist, ist es aber sinnvoll, die dort eingesetzten Mitarbeiter im Wortessinne zu »befreien«: Raus aus der abgeriegelten und distanzierenden Zone hinter dem Counter – hin zum Kunden. Hotels und Banken wechseln derzeit an vielen Orten die herkömmlichen Rezeptionstrutzburgen gegen grazile Stehtische aus. Das ist ein guter Anfang! Wer seinen Empfangsbereich nicht umbauen mag, der kann auch einen Mitarbeiter hinter dem Tresen telefonieren und organisieren lassen und einen zweiten Mitarbeiter vor der Rezeption positionieren. Dieser konzentriert sich dann vor allem darauf, dem Kunden einen herzlichen Moment des Willkommens zu bereiten. Diese Offenheit setzt natürlich souveräne, kompetente und dem Kunden zugewandte Mitarbeiter voraus, sonst ist sie kontraproduktiv.

Bei einem Serviceprojekt in einem Rehazentrum veränderten wir den »normalen« medizinischen Empfang nicht, weil die solide Rezeptionsarchitektur Distanz, Kompetenz und Zuverlässigkeit ausstrahlte. Mit sehr gutem Erfolg nahmen wir dann aber das Element »Stehtisch« als zusätzliches, flexibles Element in den Prozess auf: Dieser wird immer am Montag Tag aufgebaut, wenn neue Rehapatienten empfangen werden. Diese haben in vielen Fällen gerade einen schweren Unfall oder eine komplizierte Operation überstanden und bleiben dann mehrere Wochen in der Rehabehandlung – umso wichtiger sind ein besonders herzliches Willkommen, Aufmerksamkeit und eine einfühlsame Einführung in den neuen »Lebensabschnitt« dieser Patienten.

Schluss mit Multitasking! Das zeigte sich sehr deutlich in einem meiner Beratungsprojekte. Um Zeit zu sparen, schauten sich die Mitarbeiter die spezifischen Kundendaten nicht vor dem Anruf bei ihren Kunden an, sondern sie riefen die »Kundenmaske« am Monitor erst dann auf, wenn sie schon die Nummer wählten. Das führte dazu, dass sie sich im entscheidenden Moment der telefonischen Kontaktaufnahme nicht auf den Kunden konzentrieren und auch keinen Funken überspringen lassen konnten – sie waren ja noch damit beschäftigt, sich im Schnelldurchgang ein Bild zum Thema zu machen. Das funktioniert nicht: Schon bei der Begrüßung wird spürbar, ob ein Mitarbeiter zu 100 Prozent bei der Sache ist.

Ganz gleich, ob der Friseur Ihren Kopf shampooniert, der Arzt Ihre Krankengeschichte anhört oder der Mitarbeiter hinter der Theke Ihre Bestellung aufnimmt: Sie spüren sofort, wenn er nur körperlich anwesend, aber geistig abwesend ist. Und zwar am Druck der Finger, an der Augenbewegung im Gespräch oder an dem kurzen Moment, den eine Antwort zu lange dauert. Ich sage:

KONZENTRATION IST EINE FRAGE DES RESPEKTS.

Wahrnehmung: zurück zum Jetzt

»Manche spüren den Regen. Andere werden nur nass«, sagte Bob Marley einmal. Er meinte damit die bewusste *Wahrnehmung des Jetzt und seines Zaubers*. Die Fähigkeit der Wahrnehmung flüchtiger Glücksmomente geht uns zunehmend verloren. Kürzlich wäre ich selbst beinahe gegen eine Säule gelaufen, weil ich versuchte, im Gehen mit Tasche und Koffer eine E-Mail zu beantworten. Ertappt – ich musste herzlich über mich selbst lachen. Und flirten ist sowieso kaum mehr irgendwo möglich, weil jeder wischt, liest oder schreibt, wahrscheinlich auf Tinder …

SERVICE-
GLÜCKS-
BRINGER
#8

Schenken Sie Ihrem Kunden jeden Tag einen schönen Moment. Oder zwei. ODER VIELE!

Wir fühlen uns lebendig, wenn wir etwas erleben. Und was wir erleben, findet immer in irgendeinem Zeitraum statt. Wir erleben entscheidende Augenblicke, magische Momente, spannende Dauer und quälende Langeweile. Fragt sich: Was genau ist es eigentlich, was wir da wahrnehmen? Experimentalpsychologen erklären das so:

- **Funktionale Momente**: Fangen wir bei ganz kleinen Momenten an: Zwei einzelne Ereignisse können wir nur dann als zwei einzelne Ereignisse wahrnehmen, wenn zwischen ihnen ein Abstand von 300 Millisekunden steht. Wird der Abstand kürzer, verschmelzen die Eindrücke zu einem einzigen, »funktionalen Moment« – so heißt das in der Fachsprache.

- **Mentale Präsenz**: Wie lange für Menschen ein »Gefühl des Gegenwärtigseins« dauert, das lässt sich ebenfalls messen. Gemeint ist die Zeitspanne, in der unser Kurzzeitgedächtnis ein bestimmtes Set an Gedanken bearbeitet: Das können Zahlen, Worte, Assoziationen sein. Zeitforscher Marc Wittman schreibt: »Diese Spanne ist wesentlich für das narrative Selbstverständnis, die Geschichten, die ich über mich selbst erzähle, wenn ich meine Erinnerungen aktiviere: Wer ich bin, wie ich mich entwickelt habe und was ich in Zukunft zu tun beabsichtige.« Diese Spanne umfasst mehrere Sekunden bis wenige Minuten.
- **Erlebter Moment**: In der zeitlichen Ausdehnung zwischen dem funktionalen Moment und der mentalen Präsenz ist der »erlebte Moment« angesiedelt. Das ist das, was wir als »Augenblick« oder »Jetzt« bezeichnen. Dieser Moment ist eingebettet in die mentale Präsenz, er hat laut Wittman die Funktion eines »erzählenden und kommentierenden Ichs«. Auch dieser Moment hat eine typische Dauer: drei Sekunden!

Drei Sekunden: Das Jetzt-Glück ist ein Quickie

Viele Interaktionen zwischen Menschen dauern drei Sekunden lang. Wir empfinden einen Blickkontakt als angenehm, wenn er etwa drei Sekunden dauert – nicht weniger, vor allem auch nicht mehr als diese drei. Eine typische »Männerumarmung«, etwa unter Sportlern, dauert rund drei Sekunden. Und wenn wir einem Gast oder Kunden die Hand schütteln, tun wir das auch etwa drei Sekunden lang. Das ist genau die Zeitspanne, die einen gemeinsamen »erlebten Moment« ermöglicht, der weder zu flüchtig ist, noch als zu intensiv empfunden wird. Es ist genau die Zeitspanne, mit der wir unsere Wahrnehmung strukturieren. Übrigens war es der Hirnforscher Ernst Pöppel, der die Drei-Sekunden-Regel aufgestellt hat.

Wobei diese drei Sekunden nicht für alles im Leben in Stein gemeißelt sind: Unterschiedliche Tierarten zum Beispiel erleben längere oder kürzere Gegenwartsspannen. Denken wir nur an Wespen, die uns extrem hektisch erscheinen oder an Schnecken, die sich – gemessen an unserem Maßstab – unfassbar langsam bewegen. Das »Gegenwartsfenster der Wahrnehmung« (so formuliert es Safranski) variiert von Kultur zu Kultur, sieht in einer vibrierenden Großstadt anderes aus als im gemächlichen Hinterland. Es ist auch abhängig vom Training: Wer regelmäßig meditiert, kann über längere Zeiträume geistig bei einem Moment bleiben. Und schließlich ist die Momenterfahrung von dem konkreten Moment abhängig, in dem sie erfahren wird: Besonders schöne und leider auch besonders schreckliche Erlebnisse dehnen sich in unserer Wahrnehmung zeitlich aus.

Doch ganz gleich, ob sich das »Gegenwartsfenster« Ihrer Mitarbeiter nun über zweieinhalb oder über vier Sekunden erstreckt: Diese Art der Wahrnehmung ermöglicht es, einen Gesprächspartner wirklich zu spüren. Wie geht es ihm? Ist er gestresst oder entspannt? Frustriert oder froh? Fidel oder verschnupft? Diese Informationen sind notwendig, um im nächsten Schritt kreativ und situativ passend auf den Kunden zuzugehen. Mit einem beglückenden Kaffee zum Beispiel, oder mit frischen Papiertaschentüchern.

Eine Frage des Respekts

Die Fähigkeit der präzisen Wahrnehmung entsteht durch Training – und genau das bieten wir mit unserem Programm *welearning*. Außerdem entsteht eine differenzierte Wahrnehmung durch Neugier: Reisen bildet. Je mehr Menschen erleben, umso geschärfter wird ihre Wahrnehmung, weil sie sich in viele Situationen besser versetzen können. Deshalb haben auch nicht zwingend ältere Menschen eine bessere Wahrnehmung als jüngere. Wenn jemand 35 Jahre lange jeden Tag das gleiche macht, ist sein Wahrnehmungsspektrum geringer als das von jungen Menschen, die viel erleben.

Deshalb bin ich im Servicetraining sehr überzeugt von allen Maßnahmen, die die Wahrnehmung der Mitarbeiter erweitern:

• Mystery-Shopping mit Mitarbeitern,
• Erlebniswelten, die Mitarbeiter in die Kundensituation versetzen,
• gezielte Rollenspiele mit AHA-Effekt,
• gemeinsame Reflexion der eigenen Wahrnehmung im Team,

… um nur wenige Beispiele zu nennen.

Ich bin überzeugt, dass Service hierzulande ganz anders aussähe, wenn Mitarbeiter einmal erfolgreich durch die Kundenbrille geschaut hätten: Dann wäre der Security-Mitarbeiter am Flughafen schnell, diskret und freundlich. Die Mitarbeiterin in der Bibliothek wäre zugewandt, humorvoll und offen, und die Arzthelferin würde den Patienten als Menschen empfangen. Statt als »Fall« mit einer bestimmten Blutgruppe.

Auf ihr freundliches »Guten Tag!« antwortete ein Arzt meiner Bekannten im Krankenhaus: »Aha, da kommt ja das Knie!« Sehen Sie? Genau das meine ich. Konzentration und Wahrnehmung sind eine Frage des Respekts.

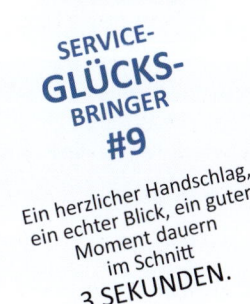

Drei Dimensionen: Warum Glücks-momente mehr sind als ein Jetzt

Sie brauchen nur ein beliebiges Zeitschriftenregal im Supermarkt durchzusehen,: Das Thema »Achtsamkeit« ist derzeit überall präsent. Zeitschriftentitel mahnen »Flow« an, »Entspannung« und »Glück«. Nach dem ganz einfachen Rezept: »Leben Sie mehr im Moment! Entdecken Sie das Glück des Augenblicks neu! Atmen Sie tief in den Bauch! Sammeln Sie mal ein Herbstblatt auf! Und vor allem: Streifen Sie die Sorgen der Zukunft und den Gram der Vergangenheit ab. Leben Sie JETZT!«

Nun: Das klingt immer sehr verlockend. Aber ist es auch sinnvoll? Ich habe da meine Bedenken. Eine Besonderheit von uns Menschen ist doch, dass wir eben nicht nur im Moment leben, sondern in unserer Reflexion verschiedene Zeiten übereinander legen können: Lebenserinnerungen aus früheren Tagen, Träume und Wünsche an die Zukunft. Genau das macht doch unsere Zeit wertvoll, findet auch Rüdiger Safranski:

> *»Die Erinnerungen und Erwartungen, die in das Erlebnis von Gegenwart hineinspielen, geben der Zeit ein Volumen, eine Breite, eine Tiefe und eine Erstreckung. Wenn sich aber die lineare Zeitreihe vordrängt,*

schrumpft die Zeit auf die Abfolge von Zeitpunkten, und es kommt zur monotonen Wiederkehr des Gleichen: Jetzt und Jetzt und Jetzt. Das ist die schlechte Unendlichkeit der Langeweile ...«

Ich meine, dass wir die Dreidimensionalität unserer Zeitwahrnehmung – Erinnerungen, Erleben, Erwartungen – bei unserer Suche nach dem Geheimnis der magischen Servicemomente berücksichtigen müssen. Denn die ganz besonderen Momente sprechen immer alle drei Dimensionen an.

Erinnern Sie sich an die Geschichte vom spontanen Geburtstagsständchen in der Wäscherei? Natürlich hat die beglückte Dame den überraschenden Moment genossen. Aber hat sie sich nicht vielleicht auch an all die Geburtstagsständchen erinnert, die sie schon als Kind genießen durfte? Hat sie nicht insgeheim geglaubt, dass dieses besondere Ständchen ihr im kommenden Lebensjahr besonders Glück bringen würde?

**SERVICE-
GLÜCKS-
BRINGER
#10**

Magische Momente sind
dreidimensional:
Sie berühren die
Vergangenheit, das Jetzt
und die Zukunft.

Oder nehmen Sie den charmanten Callcenter-Mitarbeiter, der meinen Mallorca-Flug buchte: Als er nach einer (gefühlt unendlichen) Zeit fröhlich ins Telefon rief, er habe meinen Flug bestätigen können, war ich über diesen Moment glücklich. Zugleich aber haben seine Frotzeleien im Hinblick auf meinen potenziellen Sitznachbarn in mir ganz tiefe, frühe Erinnerung wachgerufen. Frankreichaustausch. Erste Liebe ... Und das alles, während ich mir im Geiste schon die Zeit ausmalte, die da auf mich zukam: ein hoffentlich traumhafter Sonnenurlaub!

Für das Thema Service heißt das: Wir sollten magische Momente nie eindimensional denken, also nur bezogen auf Glück im Jetzt. Sondern immer in Bezügen: An welche Erinnerung könnte der Kunde anknüpfen? Welche Träume und Wünsche rufe ich mit dem von mir inszenierten Servicemoment wach?

Kreativität: Timing für kühne Ideen

Sind Konzentration und Wahrnehmung gelungen, folgt der dritte Schritt: Kreativ auf das reagieren, was ist. Hier haben die spontanen Ideen ihren Platz, um die es schon im Kapitel über Servicehelden ging: Helden schenken Zeit, hebeln Systeme aus, überraschen mit Empathie. Hier haben auch die geplanten, in die Organisation integrierten kreativen Momente ihren Platz.

Was wir bisher noch nicht beachtet haben: Sowohl die spontanen als auch die geplanten *magic moments* im Service brauchen ein gutes *Timing*. Stimmt das Timing nicht, war nicht nur die Kreativität für die Katz, der magische Moment wird außerdem als Reinfall erlebt. Beispiele dafür gibt es genug: Was zum Beispiel kann eine Dame mit einem riesigen Blumenpräsent oder einer mit Geschmack ausgesuchten und mit Herz geschenkten, aber fürs Handgepäck viel zu schweren Glasvase anfangen, wenn sie unmittelbar danach in ein Flugzeug steigen muss? Was hilft das großzügig spendierte Taxi, das zwar vielleicht bequemere Sitze hat als die Straßenbahn, aber im innerstädtischen Stau steckenbleibt und man so zwar vornehm, aber zu spät zum wichtigen Kundentermin kommt? So schön und großherzig das alles gemeint war: Schlechtes Timing macht all diese freundlichen Gesten zunichte.

Schauen wir uns also an, wann das Timing für kreative Serviceideen erfolgskritisch ist:

- Bei akuten Pannen,
- zu Unzeiten,
- bei Reparaturen,
- zu biografisch bedeutenden Ritualen
- und immer dann, wenn es auf Just-in-time ankommt!

Rettung bei Pleiten, Pech und Pannen

Kreativität führt dann zu Serviceglück-Momenten, wenn die Ideen durchdacht sind und für den Kunden relevant – und zwar im genau richtigen Moment. Pleiten, Pech und Pannen bleiben uns mindestens so intensiv in Erinnerung wie die großen Glücksmomente unseres Lebens. Umso besser, wenn Unternehmen typische Pannenmomente vorhersehen und darauf vorbereitet sind. So retten sie einen »großen Moment« und bleiben zudem noch selbst als »Retter« in Erinnerung. Neben einem gut bestückten Notfallregal – von der Nagelfeile über das Hemd bis hin zum Rasierset – hat sich insbesondere in der Hospitality-Branche eine gut sortierte Notfall-Adressdatei bewährt mit *zeitlich flexiblen* Ärzten, Friseuren, Schneidern und Schuhmachern, Physiotherapeuten und IT-Experten. Manchmal kommt eben alles auf einmal: steifer Hals, PowerPoint-Crash und verschwundener Knopf am Hemd.

Zündende Reparatur-Idee

Manchmal geht auch etwas kaputt oder verloren, ohne dass gleich Alarm geschlagen werden muss. Dazu gibt es eine legendäre Geschichte des Autoherstellers Lexus:

Ein Professor fuhr ein deutsches Luxusfabrikat, holte seinen Wagen nach der Inspektion ab und stellte beim Nachhausefahren fest, dass man vergessen hatte, den Zigarettenanzünder wieder einzusetzen. Er rief in der Werkstatt an und bekam zu hören: »Wenn Sie das nächste Mal in der Gegend sind, holen Sie sich den Anzünder doch einfach ab.« Damit gab sich der Professor nicht zufrieden. Kurzentschlossen rief er bei konkurrierenden Autowerkstätten an und fragte dort nach: »Was wäre denn Ihr Servicestandard in dieser Situation?« Und alle sagten: »Wir würden Ihnen den Anzünder selbstverständlich bringen.« Kurze Zeit später klingelte es. Ein junger Mann stand vor der Tür und hielt den Anzünder in der Hand. Der Professor war begeistert und dachte bei sich: »Na, auf meine Werkstatt ist ja doch Verlass.« Aber er hatte sich getäuscht. Der junge Mann kam nicht von seiner Stammwerkstatt, sondern von Lexus. Wie das? Der junge Mann hatte es beim Rundruf des Professors geschafft, ihm alle wichtigen Details zu entlocken. Er fuhr zum Wettbewerber, holte den Anzünder und brachte ihn aus freien Stücken zum Professor.

Einmal dürfen Sie raten, bei welchem Autohaus der Kunde seinen nächsten Wagen bestellte … Der Mitarbeiter hatte einen neuen Kunden gewonnen. Service ist Verkauf!

Empathie zur Geisterstunde

In der heutigen Zeit ist es nicht ungewöhnlich, erst tief in der Nacht im Hotel anzukommen oder morgens früh um 5 Uhr wieder aufzubrechen. Lange Flüge, langsame Autofahrten und langwierige Verspätungen sind keine Ausnahme mehr, sondern Alltag.

Wie dankbar bin ich jedes Mal, wenn mir ein Nachtportier im Regen und zur »Geisterstunde« mit einem Schirm und einem freundlichen Lächeln entgegenkommt, um mich vom Parkplatz abzuholen. Und mir dann auch noch – ungefragt – eine »Brettljause« und einen Tee vorbereitet hat. Und wie glücklich macht es mich, wenn mir ein Rezeptionist im Morgengrauen nicht die ewige Leier »Maschine ist noch nicht bereit« vorspielt – sondern seinen eigenen Weg findet, mir einen schönen Cappuccino mit auf den Weg zu geben. Das ist perfektes Timing. Auch und vor allem zur Unzeit.

Biografisch bedeutsame Zeitpunkte

Eine vergleichsweise sichere »Nummer«, Gäste oder Kunden mit einer perfekt getimten Überraschung zu begeistern, sind herausgehobene Punkte der privaten Biografie, die zumeist mit Ritualen gefeiert werden:

- Geburtstag,
- Hochzeitstag,
- Geburt eines Kindes,
- Konfirmation/Kommunion/Bar Mizwa etc.,
- Volljährigkeit eines Kindes.

Und auch relevante Punkte auf der Karriereleiter:

- bestandene Prüfung,
- erster Tag im neuen Job,
- Firmenjubiläum,
- Beförderung,
- wichtiger Vertragsabschluss.

Hier ist besonderes Fingerspitzengefühl gefragt und ein gutes Netz an Informanden. Denn kaum etwas ist peinlicher als eine Gratulation zu einer nicht vorhandenen Beförderung oder zu einer vermasselten Prüfung.

Genauso wie Konzentration eine Frage der Organisation des Arbeitsplatzes ist, so ist auch die kreative Überraschung zu einem besonderen »Ehrentag« eine Frage der Organisation: Herzstück ist ein System mit gut organisierten Abläufen und einer exzellenten **Kundendatenbank,** die für alle Mitarbeiter zugänglich ist. Und die auch ungewöhnliche Einträge erlaubt.

In einem Münchner Hotel bekomme ich immer meinen absoluten Lieblings-Himbeerjoghurt als Welcome aufs Zimmer. Als einziger Gast. Sicher ist diese Information im System des Unternehmens unter »Vorlieben Sabine Hübner« abgelegt und mit der Kategorie »Setup Zimmer« oder »Kontaktpunkt Frühstück« verknüpft. So gelingt es, magische Momente vom Prinzip Zufall zu befreien. Und mit System ein WOW aus dem Hut zu zaubern. Chapeau!

Just in Time: Überraschung auf den Punkt

Das kreative Spiel mit dem Faktor Zeit ist nicht nur für einzelne Mitarbeiter erfolgs-entscheidend – es lässt sich sogar als Geschäftsmodell umsetzen. Nach dem Motto: Das Unternehmen ist der Held im Kampf gegen die knappe Zeit! Mit einem Serviceskript, das von Tempo und Spannung lebt. Und das die Adresse des Emp-fängers zur Bühne macht. Der Bücher- und Geschenkelieferdienst *Running Book* aus Innsbruck macht vor, wie das geht:

Seit Herbst 2016 sorgt »Running Book« für Überraschungen. Mit die-sem Service der Tyrolia Buch- und Papierhandlungen zusammen mit den Innsbrucker Verkehrsbetrieben (IVB) können Kunden Geschenke zu Geburtstagen oder anderen Feiertagen per Bote überbringen lassen.

*Das Besondere daran und die besondere Attraktion für vergessliche oder kurz entschlossene Schenker: Geht die Order bis 13 Uhr ein, klingelt der **Bote** noch am gleichen Tag. Und übergibt ein **schön** verpacktes Präsent, auf Wunsch noch mit einem persönlich diktierten Kärtchen.*

»Warum immer nur einen Blumenstrauß schicken lassen, Bücher sind doch auch ein wunderbarer, kreativer Gruß, der punktgenau auf den Anlass abgestimmt wer-den kann«, ist Daniela Greimel, Leiterin der Innsbrucker Tyrolia-Hauptbuchhand-lung überzeugt.

»Amazon kann das doch auch«, könnte man jetzt entgegnen. Ja, klar! Aber anders: Amazon verpackt industriell perfekt und liefert großmaßstäblich aus. Ob das Paket

wirklich am Wunschtag ankommt, ist wahrscheinlich fraglich. Manchmal landet es eben doch in der Postfiliale oder beim Nachbarn, der dann wochenlang in Urlaub ist. Der Amazon-Bote gratuliert bei der Übergabe auch nicht zum Geburtstag. Schlicht und ergreifend deshalb, weil er über Geburtstagskinder nicht informiert ist.

Ich bin überzeugt davon, dass wir bei herzerfrischenden, regionalen Serviceangeboten noch sehr viel Luft nach oben haben. Und freue mich darauf, mehr davon selbst zu erleben.

Mut: aus Zeitmustern ausbrechen

Magische Momente im Service sind immer Ausbrüche aus *gewöhnlichen* und *Täglich-grüßt-das-Murmeltier*-Routinen. Um solche Momente zu zaubern, bleibt den Mitarbeitern nichts anderes übrig, als sich auch *anders zu verhalten als gewöhnlich*. Das heißt: raus aus der Komfortzone und etwas Neues versuchen – und das mit dem Risiko, dass es schief gehen könnte:

- **Der Werkstattmitarbeiter** verspricht dem Landwirt, den Traktor heute wieder zum Laufen zu bringen. Aber: Gelingt das auch?
- **Die Friseurin** lässt sich darauf ein, eine Frisur in 20 Minuten zu schneiden statt in den sonst üblichen 30 Minuten, damit die Kundin einen wichtigen Termin noch erreicht. Gute Idee?
- **Als in der Krankenhauskantine** die Technik streikt und die Mägen der Patienten knurren, bestellt der Krankenpfleger spontan für die gesamte Station Pizza. Nur: Darf er das?

- **Für einen meiner Kunden** suchten wir spezielle Namensschilder. Auf unsere Anfrage-Mail um 22:30 Uhr antwortete die Spezialdruckerei um 22:35 Uhr, am nächsten Morgen hatten wir pünktlich zum Frühstück das maßgeschneiderte Angebot und 24 Stunden später die Muster. So macht Zusammenarbeit Laune. Aber: Warum tun die das? Ist das Unternehmen nicht ausgelastet?

Wer magische Momente zaubern will, braucht also Mut, über die Grenzen des Gewöhnlichen zu springen. Das kann den erfolgsentscheidenden Unterschied machen. Oder daneben gehen. In den meisten Fällen aber führt, so meine Erfahrung, das mutige *Anderssein zu Bessersein* (siehe dazu auch unser Buch *Das beste Anderssein ist Bessersein*, 2016).

Das gelingt nur, wenn wir wissen, was für den Kunden relevant ist und wenn wir außerdem etwas über die Hintergründe der Zeitmuster unseres Alltags wissen. Viele Menschen haben sich noch nie bewusst beschäftigt mit dem

- Dönerblick-Geheimnis,
- der Kunst, den entscheidenden Augenblick zu erwischen,
- mit notwendiger Ereigniszeit,
- mit gesunder Eigenzeit,
- und damit, dass hinter dem Spiel mit der Zeit oft etwas ganz anderes steht als eine Zeitfrage: ein Spiel mit der Macht.

Viel mehr als nur »Sichtblenden gegen verstreichende Zeit«

Wer die Zeitpläne des täglichen Einerlei niederreißt, um für den Kunden einen Unterschied zu machen, der wird im besten Fall zum Glücksbringer für andere. Und mehr noch: Der wird auch selber froh, denn Glück bringen wirkt zurück. Und so wird aus einem Mitarbeiter, der ansonsten nicht viel mehr ist als ein gut geöltes Rädchen in einer Maschinerie und nicht viel mehr tut, als mit allerlei Aktionismus

»Sichtblenden gegen die verstreichende Zeit«

(Safranski) zu montieren, wieder ein authentisches Gegenüber mit Bedeutung. Ein echter »Anderer«, der im Dialog seinem Gegenüber die Chance gibt, über seine reine Kundenrolle hinauszuwachsen und sich zu erinnern, dass da ja noch etwas war. Irgendwo in den Tiefen des Reisegepäcks und irgendwo hinter der perfekten Performancemaske. Er selbst!

Genau darauf kommt es an. Nur »im Bewusstwerden meiner selbst im jeweiligen Moment erlebe ich mich unmittelbar«, schreibt Marc Wittman. Damit taucht das in der Alltagshektik verschwundene Gefühl für das eigene »Ich« wieder auf. Das gilt für den Mitarbeiter und den Kunden gleichermaßen. Und so ist es kein Wunder, wenn magische Momente im Service etwas auslösen, das in keiner Jobbeschreibung zu finden ist: Gefühl. Glück!

Das Dönerblick-Geheimnis

Wissen Sie, woran man gut geführte Dönerbuden, Hähnchenbratereien und Steh-pizzerien erkennt? Am *Dönerblick*. Er kommt überall dort zum Einsatz, wo Kunden schnell etwas zu essen bestellen möchten, die Zubereitung des gewünschten Es-sens für jeden Kunden aber etliche Minuten in Anspruch nimmt. Was die Gefahr mit sich bringt, dass der Kunde auf Platz 17 in der Schlange die Geduld verliert und den Stand verlässt, bevor er überhaupt etwas bestellt hat.

Genau dagegen wirkt der Dönerblick: Sobald ein neuer Kunde in der Schlange auftaucht, nimmt der Imbissbe-treiber Blickkontakt mit diesem Kunden auf und verwickelt ihn – genau wie alle anderen anwesen-den Kunden – in Frotzeleien, flotte Sprüche, kumpelhafte Kalauer. Und dies eben auch, wenn noch 16 Kunden vor dem Neuankömmling in der Schlange warten.

SERVICE-
GLÜCKS-
BRINGER
#11

Der
DÖNERBLICK
lässt Kunden
lieber warten.

Die besten Dönerblicker sind in der Lage, eine Mordsstimmung an ihren Buden zu produzieren, gleich-zeitig blitzschnell Mahlzeiten zuzubereiten, alle Bestellungen auswendig im Kopf zu behalten und zwischendurch auch noch korrekt abzukassieren. Es ist mir schwer begreiflich, wie das geht – aber es geht. Und es macht den echten Unterschied.

Das Dönerblick-Geheimnis lässt sich mühelos auch in andere Sphären übertragen. Überall dort, wo hoher Zeitdruck auf langsame Systeme stößt, funktioniert es ausgezeichnet. Es geht darum, sehr früh Resonanz herzustellen, und diese durch die gesamte Dauer des Kundenkontakts zu halten. Haben Sie schon einmal darüber nachgedacht, ob es in Ihrem Unternehmen relevante Kundenkontaktpunkte geben könnte, lange *bevor* der Kunde überhaupt anfängt zu warten?

Salopp gesagt: Mag der Döner sich noch so langsam auf der Stange drehen – Empathie haut alles raus … und hinterher ist der Kunde nicht nur satt, sondern auch gut gelaunt. Das ist das ganze Geheimnis. Eigentlich sehr einfach!

Der entscheidende Augenblick

Eine weitere, ganz wichtige Möglichkeit, mutig aus nicht funktionierenden Servicezeitmustern auszubrechen, ist: **Nein** sagen zur Standardfrist »as soon as possible«, kurz ASAP.

ASPA treibt uns um, ASAP ist heute ganz normal und ziemlich verrückt. Warum? Wir leben in einem Zeitalter der »zielvariablen Tempoideologie«, so eine Diagnose des großen Systemtheoretikers Niklas Luhmann. Zielvariable Tempoideologie heißt Handeln nach dem Motto: »Eigentlich egal, um was es geht, Hauptsache, es geht echt schnell.« Die Folge: Viele Projekte werden nicht zu Ende gedacht, sondern *ASAP* gemacht, schnell auf Tempo 100 m/h (100 E-Mails pro Stunde!) hochgefahren, am besten mit mindestens sieben Empfängern in der Copy-Zeile. Ergebnis: fühlt sich *busy* an. Weil irgendwie ganz viel passiert!

Aber ist das Viele auch relevant? Führt die hohe Drehzahl das Projekt überhaupt in eine sinnvolle Richtung? ASAP-Ideologie ist leerer Aktionismus. Das ist *Chronos*, abgekoppelt von *Telos* und von *Kairos* – so die Terminologie der alten Griechen, die uns auch heute noch ein gutes Stück weiterhelfen kann:

- Chronos: Hier geht es um die Uhr. Just in time. Relevant sind smarte Prozesse, um hohes Tempo und kurze Wartezeiten, sinnvolle Sequenzen und das Vermeiden unsinniger Wiederholungen. Je besser dieser Aspekt von einem Unternehmen in Service umgesetzt wird, desto höher die Produktivität des Kunden.
- Kairos: Dieser Aspekt zielt auf *le temps juste*. Den richtigen Moment, der sich nicht immer planen lässt, dem man oft auch nicht auf den ersten Blick ansieht, was in ihm steckt. Der Renaissancephilosoph Michel de Montaigne empfahl deshalb *vivre à propos* – im rechten Augenblick leben. Jeder Kunde erlebt entscheidende Augenblicke individuell, reagiert auf Überraschung und Pause, erinnert Momentum und Wow!, freut sich auf Rituale und über gelungene Improvisation. Je besser ein Unternehmen diesen Aspekt in Service überträgt, desto intensiver wird das positive Erleben des Kunden.

Warum das Timing so wichtig ist, beschreibt der französische Philosoph François Jullien:

> *»Denn die Gelegenheit ist jenes Zusammentreffen des Handelns und der Zeit, das bewirkt, dass der Augenblick plötzlich zu einer Chance wird, dass die Zeit also günstig ist (…), um Erfolg zu haben.«*

Das heißt umgekehrt: Servicebemühungen zum falschen Zeitpunkt, ohne günstige Gelegenheit, sind Energieverschwendung. Sie können keine Wirksamkeit entfalten. Sparen wir uns das doch!

Was genau eine günstige Gelegenheit ist, hängt entscheidend ab vom »Wozu?«. Also vom Ziel des Handelns. Damit sind wir beim dritten Begriff:

- Telos: Dieser griechische Begriff meint einen in der Zukunft liegenden Zustand, der besser ist als der heutige und der daher angestrebt wird. Das kann die Fertigstellung eines Auftrags sein, das kann eine bestimmte, messbare Erfolgsquote sein oder auch ein privates Glück.

Um einen entscheidenden Augenblick für uns selbst oder für unseren Kunden zu erkennen, brauchen wir alle drei Faktoren: Eine sinnvolle Projektorganisation (Chronos), einen Sinn für gute Zeitpunkte (Kairos) und ein übergeordnetes Ziel (Telos). Fehlt nur ein Element, wird das nichts mit dem Serviceglück: Ich bestellte zum Beispiel letztes Jahr ein neues Auto. Liefertermin sollte Mitte Juni sein. Tatsächlich wurde es vier Monate später geliefert. Der Hersteller nahm nie Kontakt zu mir auf, das Autohaus hatte keine konkreten Angaben vom Hersteller und ging auf Tauchstation. Wenn ich mich nicht meldete, meldete sich keiner. Vor wenigen Tagen erhielt ich ein sehr aufwändiges Paket mit vier Original-Ventilkappen. Sehr schön – aber was soll ich damit anfangen? Kein Wort der Entschuldigung oder irgendwas. Das ist für mich Service am Kunden vorbeigedacht.

Freiraum für Ereigniszeit

Eine hohe Anzahl Ereignisse pro Zeiteinheit allein führt also nicht zu Serviceglück. Es braucht Chronos, Kairos und Telos. Und noch etwas: Es braucht eine Berücksichtigung der Ereigniszeit.

Die Ereigniszeit meint die Dauer, die ein Ereignis konkret braucht, um sinnvoll abzulaufen. Die Ereigniszeit richtet sich nicht nach der Uhr (Chronos), sie findet unabhängig vom richtigen Augenblick (Kairos) statt, und es ist diesem Prozessablauf per se auch gleichgültig, ob ein höheres Ziel (Telos) dahinter steht oder nicht. Wir haben es hier mit psychologischen und mit physischen Prozessen zu tun, deren Eigendynamik sich im Zweifelsfall gegenüber jeglicher strikt am Kalender orientierten Terminsteuerung durchsetzt. Wer jemals ein Haus gebaut oder renoviert hat, kann ein Lied davon singen:

Vor gut zehn Jahren wollte ich in eine neue Wohnung in einem kernsanierten Haus einziehen. Alles war vertraglich geregelt. Die Wohnung war bezugsfähig – allein: Das Haus war nicht fertig. Die Baufirma überschritt den Fertigstellungstermin des Hauses um zwölf (!) Monate, sodass ich eine gefühlte Ewigkeit inmitten von Presslufthammer- und Bohrgeräuschen hausen musste. Um die zeitlichen Verzögerungen auszubügeln, beeilte sich die Baufirma ausgerechnet an den Stellen, an denen sie hätte abwarten müssen: Das Parkett wurde viel zu früh verlegt und musste an manchen Stellen vier (!) Mal wieder aufgenommen werden, weil es wegen der Restfeuchte mehr als zehn (!) Zentimeter hochstand. Diese Reparaturmaßnahmen jedoch konnten nicht verhindern, dass noch Jahre später Macken und viel zu große Spaltmaße zum Vorschein kamen und ich mich jedes Mal, wenn ich auf den Boden schaute, wieder ärgerte. Ich bin dort übrigens ausgezogen.

Ereigniszeiten gilt es in Schreinereien und Druckereien einzuhalten: Es dauert eben eine Weile, bis Holz oder Papier verarbeitet werden kann. Es dauert, bis Farbe oder

Leim getrocknet sind. Sogar ein Friseur muss die Wirkung eines Färbemittels abwarten. Das ist der »Widerstand des Materials«, mit dem jeder Handwerker zu arbeiten gelernt hat – und den er sogar liebt, weil das seine tägliche Herausforderung ist.

Nicht nur physische, auch psychische Prozesse folgen einer inneren Logik: Die Trauer um einen lieben Menschen geht eben nicht in zehn Tagen Auszeit vorbei, sondern klingt in vielen Monaten, manchmal sogar Jahren erst ab. Ein Streit lässt sich nicht zwischen 12 Uhr und 12:13 Uhr in einer Telko beilegen.

Obwohl die Relevanz der Ereigniszeit völlig offensichtlich ist, richten wir uns in der westlichen Wirtschaft lieber nach der abstrakten Zeitmessung mit Kalender und Uhrzeit. Wir ignorieren die innere Logik eines Prozesses oder die Erfordernisse eines physischen Vorgangs. Pünktlichkeit ist ein hoher Wert, selbst der Wert einer Arbeit wird nach den geleisteten Stunden verrechnet.

Ich bin überzeugt davon, dass wir auf der Suche nach Serviceglück genau an dieser Stelle Mut beweisen sollten: Wir können und wir müssen sogar gegenüber chronisch ungeduldigen Kunden auf der Notwendigkeit der Ereigniszeit bestehen. Und eben nicht versuchen, die Ereigniszeit einzukochen, um alles machbar zu machen. Ereigniszeiten lassen sich mit Macht, Willen und Geld nicht beeinflussen. Gras wächst nicht schneller, wenn man daran zieht. Und, um es mit Mahatma Gandhi zu sagen:

ES GIBT WICHTIGERES IM LEBEN, ALS BESTÄNDIG DESSEN GESCHWINDIGKEIT ZU ERHÖHEN.

Die Eigenzeit wieder entdecken

Neben der *Ereigniszeit* gibt es eine weitere Zeitdimension, die wir gerne vergessen oder unter unserer Disziplin vergraben: unsere *Eigenzeit*. Gemeint ist das komplexe Geflecht der körpereigenen, chronometrischen Regulierungen. Unser Körperrhythmus. Er ist hoch komplex mit unserem Stoffwechsel, mit den Rhythmen der Tage und Jahreszeiten und mit unserem Lebenslauf verbunden. Es ist mittlerweile bekannt, dass wir umso kürzer leben, je mehr wir die Gesetze unserer Eigenzeit ignorieren. Und dennoch gelten immer noch diejenigen als erfolgreich, die die Nacht durcharbeiten und am nächsten Tag Verträge verhandeln. Wobei nun immer mehr Menschen auch die Eigenzeit als Kraftquelle (wieder-)entdecken. Rüdiger Safranski erklärt den Zusammenhang:

> *»Lebenskunst wird in diesem Zusammenhang verstanden als die Fähigkeit, am eigenen Leibe spüren zu können, **was zu welcher Zeit am besten zu erledigen ist.**«*

Ich habe den Eindruck, dass es sich hierarchisch hochstehende Menschen durchaus erlauben können, sowohl auf Ereigniszeiten als auch auf Eigenzeiten Rücksicht zu nehmen. Wer die Macht hat, führt erst ein wichtiges Gespräch zu Ende, bevor der nächste Termin beginnt; trinkt zuerst seinen Espresso, bevor er ins Taxi steigt; wartet den kreativen Impuls ab, bevor er zum Entwurfsblock greift.

SERVICE-
GLÜCKS-
BRINGER
#12

Ein NEIN
zu einem Termin
ist manchmal ein
besserer Service als
ASAP.

Genau hier liegt, so meine ich, eine große und oft übersehen Chance für Service-glück: Warum nehmen wir nicht mehr Rücksicht auf die Eigenzeit unserer Kunden? Fragen also viel häufiger nach der kreativsten Tageszeit? Nach der besten Jahres-zeit für einen Projektstart? Nach der optimalen Zeit für ein Mittagessen? Das alles mag sehr persönlich sein … aber ist beglückender Service nicht immer persönlich?

Vorsicht: Zeit ist Macht

Wie fast alles in unserem Leben ist auch unser Umgang mit Zeit nicht nur von physi-schen und psychischen Prozessen beeinflusst, sondern auch sozial überformt. Zu-weilen sogar sozial deformiert. Das bringt Robert Levine in seiner interkulturellen Zeitstudie ganz besonders schön zur Sprache:

> *»**Erstens**, jemanden warten zu lassen, ist eine Demonstration der Macht. **Zweitens**, mächtige Menschen haben die Möglichkeit, andere warten zu lassen. Und **drittens**, durch die Bereitschaft zu warten, erkennt man diese Macht an und legitimiert sie.«*

Je wichtiger eine Person objektiv ist (oder je wichtiger sie sich subjektiv selbst ein-schätzt), desto weniger stellt sie ihre Zeit zur Verfügung. Man muss sehr lange warten, um einen Termin zu bekommen. Am Tag des Termins wartet man zusätz-lich gefühlte Ewigkeiten vor der Tür, und während des Termins greift der hoch wichtige Mensch dann zum Telefon, weil andere Anliegen noch wichtiger sind als das eigene. Man wartet also drei Mal: zuerst auf den Termin, dann unmittelbar vor dem Termin und dann noch einmal während des Termins. Eine demütigende Erfahrung.

Jetzt die andere Seite: Je unwichtiger eine Person ist, desto weniger kann sie über ihre eigene Zeit verfügen. Wer unten ist, zum Beispiel »am Empfang«, der ist per Definition immer erreichbar. Jeder kann jederzeit hingehen, jederzeit anrufen, jederzeit unterbrechen. Hier haben wir gleich mehrere Möglichkeiten, Mut zu zeigen und Glück aufblühen zu lassen:

- **Mitarbeiter**: Warum sollten Mitarbeiter in den dafür geeigneten Freiräumen nicht die Möglichkeit haben, ihre Arbeit selbst zu organisieren? Natürlich nur dann, wenn die Rahmenbedingungen und Zielsetzungen sehr klar kommuniziert wurden. Und es, leider muss ich das so klar sagen, auch klare Konsequenzen gibt, falls der Freiraum für allzu viele kuschelige Teambesprechungen genutzt wird.
- **Führungskräfte**: Warum können nicht auch Führungskräfte eine »offene Sprechstunde« anbieten – nach dem Vorbild mancher Arztpraxen? Und sich während der direkten Gespräche durch nichts unterbrechen lassen?
- **Kunden**: Wäre es nicht eine gute Idee, das Zeit-ist-Macht-Spiel ersatzlos abzuschaffen? Es bricht sich doch niemand einen Zacken aus der Krone, wenn er seinen Kunden »hierarchisch notwendige« Wartezeiten erspart, wenn er direkt kommuniziert, dass er »kurze Dienstwege« bevorzugt?

Oder... doch? Wenn es so ist, dann sehe ich in Sachen Persönlichkeitsentwicklung noch eine Menge Luft nach oben. Und sage: Auch daran kann man arbeiten. Dünkel jedenfalls ist kein guter Dünger für Serviceglück. Übrigens wollte uns einmal eine Sachbearbeiterin mit einem relativ kleinen Radius an Befugnissen drei Wochen lang auf einen Termin für eine Telefonkonferenz warten lassen. An ihren wirklichen Namen erinnere ich mich nicht mehr, in meiner Erinnerung heißt sie *Mrs. Wichtig*. Das Gespräch kam nie zustande.

Nachdem wir nun eine Idee davon haben, was »gute Zeit« sein und wie sie mit Konzentration, Wahrnehmung, Kreativität und Mut zusammenhängen könnte, schauen wir uns an, warum Kunden so sehr leiden, wenn Service auf sich warten lässt.

THE SHOW MUST GO ON

Es ist eine Besonderheit des Menschen, dass er über Zeit und Endlichkeit überhaupt nachdenken kann. Und dass er das Vergehen, um nicht zu sagen Verschwinden der Zeit wahrzunehmen in der Lage ist. »Damit kommt ein Nichts ins Spiel, das es nur hier im Bewusstsein gibt, und nicht draußen in der Welt«, schreibt Safranski. Dieses Nichts passiert im Kopf. Wenn es auftaucht, ist das genau der Moment, den Albert Camus, der Pariser RollkragenExistenzialist, der eigentlich keiner sein wollte, mit seinem bekannten *bon mot* beschrieben hat:

»**Das Absurde** kann jeden beliebigen Menschen an jeder beliebigen **Straßenecke anspringen**.«

Das verunsichert, das macht Angst, das will keiner. Deshalb ist das Warten auf etwas eine hoch emotionale Angelegenheit … und deshalb ist der Umgang mit Wartezeiten einer der wichtigsten Knackpunkte in Sachen Serviceglück.

Was passiert eigentlich im Kundenherz oder in der Kundenseele, wenn ein Service länger dauert, als er dauern sollte – aus welchen Gründen auch immer? Und was können Unternehmen tun, um ihre Kunden aus der unsäglichen Tristesse des Wartens zu erlösen?

Das dauert …

Der Mensch ist ein intelligentes Tier. Anders als eine Katze, die locker den ganzen Tag verschläft, ohne jemals darüber nachzudenken, ohne sich jemals unproduktiv und infolge dessen sinnkrisenhaft zu fühlen, empfinden und beobachten wir die verstreichende Zeit und sind daher vergleichsweise krisenanfälliger.

Zu dieser menschlichen Besonderheit kommt dann noch eine kulturelle: Im industrialisierten und »aufgeklärten« Westen hängen wir der fixen Idee nach, dass das Entwerfen von Plänen per se eine gute Sache ist, und dass sich diese Pläne bruchlos in Realität verwandeln lassen. Und zwar immer dann, wenn wir nur genügend Energie und Entschlossenheit aufbringen. Ich sage nur: »Machbarkeitswahn«.

Der »wahnsinnige« Aspekt daran ist folgender: Lässt sich der Plan *nicht* wie gewünscht in Realität verwandeln, zweifeln wir tendenziell nicht den Plan an, sondern den eingesetzten Energieaufwand und das Maß der investierten Entschlossenheit. Egal, wie es ausgeht: Es ist immer jemand Schuld, auf den man zornig sein kann. Wir selbst oder ein anderer. Hauptsächlich ein anderer. Gerne ein Dienstleister, dem es, so meinen wir, an Energie und Entschlossenheit gefehlt hat, was wir gerne sofort persönlich nehmen.

Risiken und Nebenwirkungen von Systempannen

Das ist der Grund dafür, dass jedes Unternehmen heute ein exzellentes Kundenfeedback-Management braucht. Service wird immer sehr persönlich genommen. Die Verletzungen gehen hier sehr viel tiefer als Enttäuschungen, die Produkte auslösen.

Früher erzählten unzufriedene Kunden zehn, vielleicht auch mal zwanzig Bekannten ein Negativerlebnis in Service und Kundenkommunikation. Heute haben sie die Möglichkeit, ein Publikum von zigtausend, ja hunderttausend Menschen zu erreichen. Der Internetpranger stellt heute ein erhebliches Risiko für Unternehmen dar. Denn die virulenten Themen werden oft binnen kürzester Zeit auch von zahlreichen weiteren Medien aufgegriffen. Studien zufolge nutzt auch mehr als jeder zweite Printjournalist bereits Social Media als Quelle. Auf diese Weise erreichen die durch das Netz schwappenden Empörungswellen sogar die konservativen Milieus – schließlich also alle Zielgruppen. Alle!

Dabei ist das, was da an Empörung durch die Netzwerke wabert, nur ein Bruchteil des tatsächlichen Ausmaßes an Unzufriedenheit. Von 100 verärgerten Kunden schweigen 95 gegenüber den Firmen. Die Gründe? Die Mehrzahl der Zornigen will keinen zusätzlichen Frust ansammeln, scheut den Aufwand, fürchtet einen Konflikt oder vertraut nicht auf zufriedenstellende Lösungen. Umso wertvoller sind für jedes Unternehmen die wenigen Kunden, die ihrem Ärger Luft machen.

»Vertrauen kommt so langsam wie ein Fußgänger und verschwindet so schnell wie ein Reiter«, formulierte der niederländische Staatsmann Johann Thorbecke schon im 19. Jahrhundert. Das heißt heute: In Unternehmen sollte die höchste Alarmstufe aufleuchten, sobald Pläne – anders als geplant – sich nicht in Realität verwandeln lassen. Was permanent passiert. Vor allem, wenn es um Mobilität geht.

Es fliegt, es fliegt nicht …

Beim Fliegen geht oft richtig viel drunter und drüber. Verspätungen sind an der Tagesordnung, und es ist mir schon passiert, dass innerhalb eines Monats ein halbes Dutzend meiner Flüge kurzfristig annulliert wurde. Und: Nein, ich fliege natürlich nicht so oft in Urlaub, es handelt sich jedes Mal um Geschäftsreisen zu Kunden unseres Nachhaltigkeitskonzepts für Kundenbegeisterung oder um Events, zu denen ich als Vortragsrednerin erwartet werde. Pünktlich sollte ich also schon sein.

Eine dieser Annullierungen traf mich besonders. Mit unserer Projektmanagerin Heike wollte ich zu einem wichtigen welearning-Termin nach Salzburg und am gleichen Abend wieder zurückfliegen. Doch als wir nach einem fordernden Meeting an diesem heißen Sommermontag gegen 19:30 Uhr an den Flughafen kamen, erhielten wir die wenig frohe Botschaft, dass unser Flug annulliert sei und wir auf den nächsten Tag um 8:35 Uhr umgebucht wurden.

Nun, das ist unangenehm, wenn man außer Handtasche und Aktentasche nichts dabei hat. So richtig lästig ist das aber, wenn drei Kinder zu Hause warten – und das war bei Heike der Fall. Wir nahmen es trotzdem mit Humor, weil es ja auch nicht zu ändern war. Und ich sagte noch großmütig zu Heike: »Wir bekommen ein Notfallpaket, das

passt schon.« Leider passte es nicht. Außer einem Hotelvoucher beka-
men wir... nichts.

Und so versorgten wir uns notdürftig im einzigen offenen Laden im
Bahnhof. Auf das wenig verlockende Convenience-Abendessen im sehr
mittelmäßigen Hotel verzichteten wir und ich lud Heike in ein nettes
Restaurant in meiner Heimatstadt ein. Als wir dann im Hotel freund-
lich darum baten, unseren Abendessengutschein gegen zwei kleine
Gläser Wein als Absacker zu tauschen, ging das auch nicht. War auch
kaum anders zu erwarten.

Am nächsten Morgen rief mich um 6:45 Uhr die Rezeptionistin an:
»Frau Hübner, der Herr, dem Sie gestern Ihr Handyladegerät geliehen
haben, hat mich soeben vom Flughafen angerufen. Ich soll Ihnen
sagen, Ihr Flug ist wieder annulliert.« Kommunikation durch die Flug-
gesellschaft: KEINE. Der Mittagsflug war dann auch noch so verspätet,
dass ich notgedrungen entschied, direkt zu meinem Vortragstermin
nach Wien weiterzureisen. Ohne Vortragsunterlagen, die lagen ja zu
Hause auf dem Schreibtisch. Und ohne frische Kleidung.

Zu meiner ungünstigen Situation äußerte sich die Fluglinie kurz darauf per E-Mail:
»Sehr geehrte Frau Hübner, wir möchten uns im Namen der Fluglinie XY ganz herzlich
bei Ihnen entschuldigen, dass Ihr Flug nicht wie geplant stattgefunden hat. Natürlich
wissen wir, dass Sie sich auf Ihre Flüge und Ihre Reise gefreut haben – (Liebe Fluggesellschaft: Wie kommen Sie zu der irrwitzigen Annahme, dass sich Vielreisende auf
das Fliegen freuen? Das ist eher eine Qual ...) *und einen reibungslosen Ablauf von der*
Buchung bis zur Betreuung an Bord erwarten (das wiederum stimmt). *Auch für uns*

sind alle unvorhergesehenen Ereignisse im Flugbetrieb sehr ärgerlich, da in diesen Fäl-
len meist eine komplexe Anpassung der Flugdurchführung erforderlich ist (das ist für
einen Fluggast milde ausgedrückt nicht wirklich relevant). *Als Entschädigung für die*
Flugverzögerung erhalten Sie von uns eine Ermäßigung von insgesamt 500 EUR auf
Ihre nächste Buchung.« Für uns beide zusammen, war damit gemeint.

Hallo!? Das klingt vordergründig nett – aber das ist es nicht. Gerne hätte ich meine
Zusatzausgaben erstattet bekommen. Und ich hätte eine Wiedergutmachung erwartet, die nicht automatisch auf das Konto meines Lebenszeiträubers zurückläuft.
Über seelenlose Textbausteine freue ich mich nicht, über vermeintliche Gut-
scheine auch nicht. Serviceglück geht anders. Übrigens lese ich eben zufällig, dass
besagte Fluglinie derzeit wirtschaftlich überhaupt nicht gut dasteht …

Es fährt, es fährt nicht …

Das Leben der Businessnomaden spielt sich jenseits des gewöhnlichen Alltags der
meisten Angestellten ab: Es ist ein Pendeln zwischen immer gleichen Flughäfen,
Mietwagenstationen, Hotels und Eventlocations. Anfangs mag sich das aufregend
und irgendwie wichtig anfühlen, auf Dauer nervt es. Vor allem, weil der Wechsel
von Nicht-Ort zu Nicht-Ort jedes Mal mit Warteschlangen und Sich-an-fremde-
Menschen-quetschen-müssen verbunden ist. Nach dem Motto »Ich warte, also
bin ich«. Folgendes ist meiner Kollegin passiert. Sie schreibt mir:

Montagmorgen 9:42 Uhr am Flughafen Frankfurt. Am Wochenbeginn
ist der Andrang am Mietwagenschalter groß – also alles wie immer.
Und wie immer findet die Mietwagenfirma diesen Zustand offenbar

»überraschend«. 36 Kunden stehen vor mir an. Nach 25 Minuten bin ich auf Platz 20 vorgerückt. **Nach insgesamt einer Stunde** habe ich es bis nach vorne geschafft. Ich sage zur Mitarbeiterin: »Das ist aber kein guter Service«. Antwort der jungen Dame: »Was glauben Sie denn, wir haben heute 500 Autos abzufertigen!« Ich: »Umso erstaunlicher, dass trotz des erwarteten Andrangs nur die Hälfte der Arbeitsplätze belegt ist, nicht wahr?« Die junge Mitarbeiterin: **»Ja, ja, schon gut,** Sie bekommen ein Upgrade, okay?« Na toll! Jetzt darf ich statt in einem normal großen Auto in einem etwas größeren Auto zum Kunden rasen. Was überhaupt kein »Plus« darstellt. Weder geht es schneller, noch ist es bequemer. Ich komme gerade noch so rechtzeitig beim Kunden an und stürme während der Anmoderation in den Vortragsraum. Ich: gestresst. Der Kunde: gestresst. Das Publikum: irritiert. Professionalität stelle ich mir anders vor …

SERVICE-
GLÜCKS-
BRINGER
#13

Wer Kunden warten lässt, hat guten Grund, den Schaden wieder gut zu machen.
Warten schadet immer.

Und ich sage: Mit der Zeit seiner Kunden respektlos umzugehen, gehört heute mit zu den größten Servicefauxpas. Wer aber seinen Kunden zu verstehen gibt, dass der Wert seiner Zeit hoch geschätzt wird, der ist ein echter Serviceglücksbringer.

Adieu Tristesse!

Im Zusammenhang mit »Zeit und Macht« haben wir schon ausgelotet, warum wir das Wartenmüssen so kränkend finden. Das Gefühl der Demütigung ist allerdings nicht der einzige Abgrund, der sich beim Warten gefühlsmäßig auftut. Dazu kommen noch Frust und Angst.

Warten frisst den Verstand

Wer das Gefühl hat, nichts ausrichten zu können, fühlt sich ohnmächtig. Dass wiederum Ohnmacht zu Frust führt und dies zu Aggression, haben unzählige Studien belegt. Und genauso viele konkrete Ereignisse wie das folgende auf einer fast ganz gewöhnlichen Landstraße im sonnigen Kalifornien, von dem Marc Wittman berichtet:

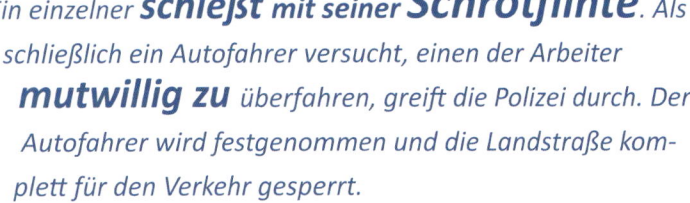

2007. In Kalifornien wird an einer Landstraße gebaut. Die Arbeiten machen es erforderlich, dass bestimmte Bereiche der Straße zeitweilig verengt werden. Die Folge sind Staus, und zwar regelmäßig. Auf Seiten der Autofahrer gibt es dafür kein Verständnis. Etliche Autofahrer stoßen wüste Beschimpfungen aus. Einige **werfen Burritos**. *Ein einzelner* **schießt mit seiner Schrotflinte**. *Als schließlich ein Autofahrer versucht, einen der Arbeiter* **mutwillig zu** *überfahren, greift die Polizei durch. Der Autofahrer wird festgenommen und die Landstraße komplett für den Verkehr gesperrt.*

Jetzt könnte man sich an die Stirn tippen und sagen: »Die spinnen, die Römer.« Aber das greift zu kurz. Kulturvergleichende Studien haben zwar gezeigt, dass US-Amerikaner durchschnittlich schlechtere »Abwarter« sind als Japaner oder Italiener. Zeitforscher Robert Levine beschreibt etwa, dass »die Atmosphäre in italienischen Schlangen eher von leichter Unterhaltung und einer allgemeinen Freundlichkeit bestimmt ist, während in amerikanischen Schlangen Gereiztheit und Ungeduld herrschen.« Ich empfinde selbst übrigens auch immer weniger Anspannung und mehr Gemütlichkeit in einer Warteschlange in Österreich als bei uns in Deutschland.

Aber muss man da gleich die Waffe ziehen? Natürlich nicht. Ähnliche Situationen kennen wir auch hierzulande aus vollen Zügen, die scheinbar grundlos auf der Strecke stehen bleiben und in denen dann auch noch die Klimaanlage ausfällt. Sinnlosigkeit plus Hitze lässt Menschen austicken. Das genau ist der Plot in Albert Camus Roman *Der Fremde*: Verkürzt gesagt kommt in der Geschichte nur deshalb jemand um, weil ein anderer zu lange in der Sonne gestanden hat.

Das sind Extremsituationen, ja. Gerade deshalb ist es aber wichtig zu wissen, was sinnlose Warterei aus Menschen machen kann. Bei aller Kulturleistung sind wir und unsere Kunden eben doch immer nur eine Handbreit von Zeter und Mordio entfernt. Und ich meine, seit jeder Mensch ungebremst jede Aggression via Social Media »abschießen« kann, ist das, was wir einmal unter »guten Sitten« verstanden haben, noch mehr aus unserem Alltag verschwunden. Ein großes Problem für Service: Die Zahl der Gewalttaten gegen Bahnmitarbeiter, gegen Mitarbeiter der Polizei, gegen Krankenpfleger und Angestellte in Jobcentern ist in den letzten Jahren so dramatisch gestiegen, dass eine Jugendorganisation des Deutschen Beamtenbundes dazu eine eigene Webseite eingerichtet hat (angegriffen.info).

Warten macht Angst

Wer warten muss, aber nicht weiß, warum überhaupt und wie lange, der kann es mit der Angst zu tun bekommen. Panik! Dazu kommt: Je dringender man den nächsten Zug, Flug, Arzt oder Paketboten erreichen will, desto intensiver wird das schlimme Gefühl des Wartens und desto langsamer vergeht die Wartezeit.

Die Deutsche Bahn hat das verstanden und setzt viel Energie ein, um möglichst bei jedem unvorhergesehenen Stopp auf der Strecke sogleich eine Erklärung zu liefern: Kuh auf dem Gleis, Baum liegt quer, Weiche ist eingefroren, Zug kommt vorbei, was auch immer. Hauptsache, es ist der konkrete Grund. Dann eine weitere Information: »Die Zugfahrt verzögert sich um etwa fünf Minuten ...« Hier auch: Hauptsache konkret. Zum Schluss kommt dann noch eine Entschuldigung. Da kann ich nur sagen: richtig so, klare Kommunikation besänftigt.

Der Bahnkunde lässt sich mit Minutenzahlen und nachvollziehbaren Begründungen beruhigen. Weil er dann etwas in der Hand hat, das ihm die Angst und den Ärger ein wenig nimmt. Er weiß einen Grund, er weiß eine Zeit. Das lindert sein Leiden, schreibt Byun-Chul Han:

> **»Warten erzeugt Leiden**, *wenn das Eintreffen des Erwarteten oder des Versprochenen, nämlich der Moment des endgültigen Besitzes oder der endgültigen Ankunft, sich hinauszögert.«*

Dieses Beispiel lässt sich auf alle Branchen übertragen – auf die Notfallambulanz in der Klinik genauso wie auf das Einwohnermeldeamt: Wenn der Kunde nicht weiß, woran er ist, reagiert er mit Angst. Ersparen wir ihm das doch. Prompte Kommunikation schafft in unklaren Situationen Klarheit, und Klarheit ist ein erster Schritt Richtung Serviceglück.

Das Warten positiv »umpolen«

Bleibt die Frage, ob man es nicht von vornherein verhindern kann, dass Warten umschlägt in heftiges Serviceunglück? Geht das? Ich sage: Ja, das geht. Und zwar, indem Sie das Warten in einen anderen Rahmen setzen. Nennen wir diesen Rahmen: Spannung. Vorfreude. Das lästige Warten lässt sich in spannungsvolle Vorfreude verwandeln, wenn Sie es in eine Geschichte hüllen. Das ist ein Geheimnis, das wir von Experten »stehlen« können, die sich besonders gut mit menschlichen Emotionen auskennen: Seifenopernproduzenten! Von Bill Smethust, Autor der BBC-Kultserie *The Archers* (die Kultserie lief von 1978 bis 1986) stammt das schöne Zitat:

»Lass sie lachen,
lass sie weinen,
aber vor allem
lass sie warten.«

Es ist langweilig, jeden Tag Geburtstag zu haben. Um unser Leben in seiner Tiefe spüren zu können, brauchen wir das »Dazwischen«. Dieser Zeitraum ist eben kein »Korridor, dem jeder Eigenwert fehlt« (Han). Es ist eine Zeit, in der wir uns sammeln, in der wir Freude aufbauen. Wir wären innerlich gar nicht so weit, mit einem großen Ereignis klarzukommen, wenn wir nicht vorher eine Zwischenzeit zur Vorbereitung gehabt hätten.

Nun ist der Erwerb eines Sitzmöbels nicht von der existenziellen Tragweite wie ein Hochzeitsfest oder die Erlangung der Doktorwürde. Dennoch macht sich das skandinavische Einrichtungsunternehmen *Bolia* unsere Fähigkeit der Vorfreude auf ein großes Ereignis zunutze. Es unterhält die Käufer eines Sofas mit kleinen, personalisierten, per E-Mail geschickten Videos nach dem Motto »Bald ist es soweit, bald kommt dein neues Sofa«. Dass DHL und andere Logistikdienstleister ihren Kunden die Möglichkeit anbieten, online den genauen Weg ihres Pakets zu verfolgen und dann auch noch Einfluss zu nehmen auf Zeit und Ort der Übergabe, geht genau in die richtige Richtung.

Das Wartenmüssen kann nicht nur die Bedeutung eines Ereignisses steigern, sondern auch den Wert eines Produktes. Denn worauf man lange warten muss, was von hohem Interesse und gleichzeitig schwer zu bekommen ist, das erscheint uns als besonders wertvoll. Nur so ist zu verstehen, dass Unternehmen allein mit der *Ankündigung* eines neuen Smartphones so viel Aufregung auslösen können. Und dass erwachsene Menschen nachts auf dem Gehweg campen, um am nächsten Morgen ein Telefon mit rechtsseitig angebissenem Obstlogo zu erwerben. Was rar ist, ist wertvoll – funktioniert allerdings nur, wenn etwas wirklich begehrenswert ist.

Die Leere füllen

Wenn sich das Warten nun aber beim besten Willen nicht »umpolen« lässt von *tristesse* auf *joie*? Dann gehen Sie zurück auf »Los« – in unserem Fall zurück zu Kapitel 3.

- **Schaffen Sie schöne Bühnen**: Ein wunderbares Beispiel ist die Zahnarztpraxis ku64 in Berlin. Der Wartebereich gleicht einem Wellnesstempel. Die Patienten finden Gemütlichkeit vor dem offenen Kamin, iPads und WLAN, Zeitschriften und Zeitungen. Und die Kinder tollen in der begehbaren Karieshöhle herum. Es muss ja nicht gleich die Designstuhl-Ecke und die superteure Kaffeemaschine sein. Eine einigermaßen schöne Wartebühne kann jeder einrichten.

- **Erzählen Sie Geschichten**: Das macht die Bahn, wenn sie uns von vereisten Weichen und entlaufenen Kühen erzählt. Gute Idee! Erklären Sie Ihrem Kunden, warum Prozesse so lange dauern, wie sie dauern. Vielleicht bietet es sich an, zwischendurch Fotos vom Entstehungsprozess zu schicken.

- **Senden Sie Helden aus**: Genau das tun Autovermietungen, wenn sie Mitarbeiter an den Autoschlangen vor dem Rent-a-Car-Parkhaus entlang schicken, die den gestressten Urlaubsfamilien versichern, dass sie den Rückflug in die Heimat auf jeden Fall erreichen werden. Und Fluggesellschaften, wenn sie Flugbegleiterinnen mit Lesestoff für die Großen, Spielzeug für die Kleinen und Kuscheldecken für die Ängstlichen durch die Reihen gehen lassen.

- **Schenken Sie Empathie**: Kontakt und Resonanz machen den Unterschied. Wenn Sie früh einen festen Draht zu Ihrem Kunden herstellen, haben Sie gute Chancen, dass Ihr Kunde sich über sein Befinden mit Ihnen austauscht – und nicht mit seinen 342 Freunden auf Facebook.

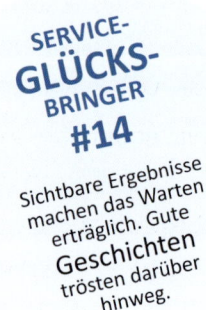

SERVICE-GLÜCKS-BRINGER #14

Sichtbare Ergebnisse machen das Warten erträglich. Gute Geschichten trösten darüber hinweg.

- **Bewahren Sie Haltung**: Was auch immer geschieht, setzen Sie alles daran, dass Ihr Kunde die Verzögerungen im Prozess keinesfalls als Machtspiel wahrnimmt.

Warten nach eigenem Gusto

Die Marke Nespresso lässt dem Kunden komplett die Wahl: Er selbst kann ganz frei entscheiden, ob er warten will, und wenn ja, wie. Wer es nicht so eilig hat mit seinen neuen Kaffeekapseln, der bestellt online und wartet auf die Post. Wer es ein bisschen eiliger und außerdem eine Nespresso-Boutique in der Nähe hat, der bestellt telefonisch und holt die Kapseln in der Boutique ab. Hier hat er noch mehr Auswahl: An der Theke anstehen, mit der Mitarbeiterin plaudern und dort weitere Kapseln erwerben, wenn er Zeit und Lust dazu hat. Oder Kapseln am Automaten ziehen, wenn es doch etwas schneller gehen soll. Bei akutem Koffeinmangel kann der Kunde natürlich auch direkt in der Boutique seinen Espresso genießen. So führen alle Kundenwege zur Nespresso-Kapsel! Da kann ich nur sagen: Exzellent gelöst.

Auch die Ergebnisse aus diesem Kapitel lassen sich unmittelbar nutzen, um die Leere des Wartens auf der »WAS«-Seite zu füllen: Konzentration, Wahrnehmung, Kreativität, Mut. Bleibt die Antwort auf die Frage, wie Sie ganz konkret Ihre *Konzentration* auf und Ihre *Wahrnehmung* von Kundenbedürfnissen verbessern können. Wie sich mit einer *kreativen* Art zu schauen, zu sprechen und zu schreiben Kunden begeistern lassen. Wie Sie *mutig* auf Kunden zugehen können, um überraschende Dinge zu verschenken (ich sage nur: Knöpfe, Wurst, Schrauben...), um einfach Zugang zu etwas schaffen (Selbstverständlich: WLAN!), um einen wertvollen Kontakt herzustellen oder einen besonderen, ganz persönlichen Wunsch zu erfüllen. Wie das »WIE« funktioniert, darum dreht sich das folgende Kapitel.

FAZIT_4

Serviceglück braucht magische Momente. Dabei ist ein Moment nur drei Sekunden lang! Im Service genau den entscheidenden, den genau richtigen Augenblick für eine Kundenüberraschung zu erwischen, das ist nicht einfach. Und doch ist es möglich: mit Konzentration und höchster Aufmerksamkeit.

Wenn dann eine große Portion Kreativität dazu kommt, steht dem Serviceglück nichts mehr im Weg. Kein Kunde wird es vergessen, wenn ein Mitarbeiter ihn auf ungewöhnliche Weise aus einer Panne gerettet hat, bei Nacht und Nebel einen Wunsch erfüllte oder einfach just in time zur Stelle war.

Entscheidend ist oft der Mut, auf *Kairos* zu setzen statt auf *Chronos*. Also lieber auf den günstigen, den richtigen Moment zu warten statt auf die festgelegte Uhrzeit zu pochen. Das kann auch heißen, dass Mitarbeiter nicht auf Biegen und Brechen alles *asap* liefern, sondern auch einmal mutig auf der Zeit bestehen, die bestimmte Ereignisse nun mal dauern, um wirklich gut zu sein.

Für den Kunden magische Momente zaubern, heißt immer auch, respektvoll mit seiner Zeit umgehen: nicht auf Zeit spielen, um Überlegenheit zu demonstrieren.

Niemanden einfach so warten lassen. Sondern Resonanz aufbauen und aufrechterhalten, auch wenn es einmal zu Wartezeiten kommt.

Serviceglück ist, wenn Warten nicht weh tut. Service wird immer sehr persönlich genommen. Verletzungen gehen hier besonders tief, Enttäuschungen werden oftmals ungefiltert weiter gegeben an die Handvoll engste Freunde *und* an die 733 Facebook-Kontakte. Aus tumben Textbausteinen montierte, roboterhafte Entschuldigungen verstärken die Enttäuschung noch – es lohnt sich für Unternehmen unbedingt, hier mehr Herzblut, mehr Personal oder zumindest in bessere »Bots« zu investieren.

Warten auf Service kann aggressiv machen, vor allem wenn der Kunde nicht weiß, wie lange er noch warten muss. Im Unterschied dazu kann sich das Warten auf ein besonderes Ereignis mit festem Termin nach Glück anfühlen. Genau das ist das Schöne an Weihnachten: Es gibt einen festen Termin und der Advent gibt dem Warten eine Struktur. Das Warten ist absehbar. Der Wert einer Leistung oder eines Produktes, auf das ein Kunde warten muss, kann ihm subjektiv sogar besonders hoch vorkommen: Das ist das Geheimnis von Unternehmen, deren leidenschaftliche Kunden sogar nachts auf der Straße campen, um endlich ein neues Telefon zu kaufen. Solange sie begehrenswert bleiben.

Nachdem wir uns eingehend mit der richtigen Servicebühne beschäftigt haben, mit glücksbringenden Serviceskripten, mit echten Servicehelden, mit magischen Momenten und gelungenem Überbrücken von Wartezeiten, gehen wir nun ins Detail: Was ganz genau kann ein Mitarbeiter im Kontakt mit dem Kunden tun, um möglichst mitten im Kundenherz zu landen?

5_SO GEHT
SERVICEGLÜCK

Angenommen, Sie machen in Ihrem Unternehmen schon ziemlich viel richtig: Sie haben einen klugen Umgang mit Zeitdruck und mit Wartezeiten gefunden. Sie haben den richtigen Weg entdeckt zwischen kreativem Chaos und Systemstarre. Die Mitarbeiter haben die Freiheit, sich für ihre Kunden in Servicesuperhelden und Serviceglücksfeen zu verwandeln. Und sie sind in der Lage, sich zu konzentrieren, Kunden wahrzunehmen, kreative Ideen aus dem Hut zu zaubern und beherzt umzusetzen. Sehr gut!

Was heißt das aber nun alles im Arbeitsalltag? Im Alltag brauchen Sie für Serviceglück einen Katalysator. Und der heißt: Kommunikation. Servicekommunikation. Glückskommunikation, wenn Sie so wollen. Dass Kommunikation notwendig ist, um das »WAS ist zu tun«, deutlich zu machen, ist selbstredend. Das WAS ist auch relativ einfach zu beschreiben. Allerdings auf die Frage »WIE genau geht das?« bekommen Mitarbeiter meistens keine oder keine klare Antwort. Dabei gibt es Antworten *en masse*! Wenn ich in einem Vortrag frage »Sind Sie freundlich?« hat noch nie jemand aufgezeigt und gesagt »Nein, ich nicht«, und trotzdem erleben wir alle tagtäglich die unterschiedlichsten Facetten von Freundlichkeit bis hin zu Unfreundlichkeit oder gar Dreistigkeit.

Deshalb legen wir jetzt den Fokus auf das WIE: wie Sie Ihre Kunden mit einer besonderen Art zu sehen, reden, schenken und, ja, zaubern und lieben, glücklich machen können. Weil das WIE entscheidet.

SCHAUEN UND ZEIGEN

Servicekommunikation beginnt lange vor dem ersten Wort, das wir mit dem Kunden wechseln. Es ist schon der erste Blick, der Resonanz herstellt. Servicekommunikation umfasst die Kunst, sich dem Kunden als ganze Person präsent zu zeigen und die Bereitschaft, dem Kunden auch die eigene Welt zu öffnen.

Dabei kommt es nicht auf Perfektion an und auch nicht auf Schönheit. Es kommt darauf an, dass Ihr Kunde auf ein Gegenüber trifft, auf ein »Anderes«, das ihm spannende Einblicke gewährt und das seinen Blick erwidert.

Glück auf den ersten Blick

In einem wunderschönen, historischen Hotel hatte ich ein Doppelzimmer gebucht. Nach einem anstrengenden Tag komme ich um 22:30 Uhr dort an und freue mich auf einen Moment Ruhe in einem schönen Zimmer, um Kraft zu tanken. Leider bekomme ich vom Nachtportier aber nicht den Schlüssel für mein schönes Zimmer, sondern für eine Abstell-

kammer mit Minibett. Nun gut, ich bin nicht sehr groß – aber heißt das
automatisch, dass ich in der Abstellkammer wohnen muss? Der Nacht-
portier ist ratlos und peinlich berührt. Ich bin definitiv »not amused«.

Beim Auschecken erklärt mir die Rezeptionistin mit starrem Blick auf
ihren Computermonitor: »Es kam ein zwei Meter großer Gast, der
passte nicht in das Bett, dem musste ich Ihr Doppelzimmer geben.« Ich:
»Einfach so? Ohne mit mir darüber zu sprechen?« Immer noch mit
dem Blick auf dem Bildschirm fährt sie fort: »Der war wirklich groß.«
Ich: »Das ist doch kein Grund, mein Zimmer zu vergeben und noch
weniger ein Grund, nicht mit mir darüber zu sprechen.« Sie: »SIE hät-
ten doch an die Rezeption kommen können. Also ich bekomme jetzt
von Ihnen 172,30 Euro!« »Ich möchte gerne vorher die Rechnung
sehen.« Sie wirft mir – immer noch ohne aufzuschauen – die Rechnung
auf die Theke. »Wollen Sie einen Umschlag?« Ich: »Vielen Dank, von
Ihnen möchte ich gar nichts mehr. Und meine nächste Buchung stornie-
ren Sie bitte. Auf Wiedersehen.« Besser hätte ich wohl gesagt »Auf
Wiederhören!«, weil die Dame mich ohnehin keines Blickes würdigte.

Was steckt dahinter?

Nicht-Kommunikation oder Kommunikation auszuweichen, ist im Service nie eine
gute Lösung: Wie einfach wäre es gewesen, die Kollegen zu informieren, so hätten
sie mir die Lage erklären können. Wie wenig Mühe hätte es gemacht, mir am ersten Abend eine kurze persönliche Nachricht überreichen zu lassen. Etwa so: »Liebe
Frau Hübner, der Gast, der das Einzelzimmer gebucht hatte, ist fast zwei Meter

groß und hatte in dem kleinen Bett keinen Platz. Bitte entschuldigen Sie, dass ich ihm in meiner Not Ihr Zimmer gegeben habe. Ich werde mir etwas Nettes für Sie einfallen lassen.« Wenn sich etwas ändert, muss man darüber reden! Vor allem im *Notfall*. Stellen Sie sich vor, Ihre Friseurin färbt Ihre Haare wortlos blond statt braun, weil eine andere Kundin die braune Farbe *notwendiger* brauchte …

Die fehlende mündliche Kommunikation ist die eine Sache. Als besonders kränkend, geradezu unverschämt habe ich die Kommunikation in diesem Hotel aber deshalb empfunden, weil mir die Rezeptionistin ihren Blick verweigerte. Da mag Unsicherheit, vielleicht sogar Scham oder Angst dahinter stecken – beim Kunden aber kommt Gleichgültigkeit an. Und Kälte.

Was steckt dahinter? Sobald wir einander in die Augen schauen, stellen wir Resonanz her. Die mag ästhetisch sein, die kann erotisch berühren, die verpflichtet aber auch in ethischer Hinsicht. Sobald ich dem Blick eines anderen offen begegne, spüre ich seine Freude und sein Glück. Aber auch: seinen Stress, ja, seine Not. Dieser »stumme Anruf« des anderen allein durch seinen Blick stellt eine ethische Verpflichtung her, die ich erfüllen kann. Oder der ich mich scheinbar entziehen kann, indem ich den Blick vermeide, indem ich den Blick abwende – oder indem ich zwar schaue, aber kalt, leer und aggressiv. Keine gute Idee in der Begegnung mit Menschen.

So geht's

Serviceglück lebt von **Blickkontakt.** Lassen Sie Ihr Gegenüber auf sich wirken: Wie fühlt sich der Kunde im Moment? Welches Bedürfnis versucht Ihr Kunde auszudrücken? Fahren Sie alle Ihre Empathieantennen aus, um Ihr Gegenüber zu erleben. Und dann – dieser zweite Schritt ist existenziell wichtig – fassen Sie Ihr Gefühl in Worte und fragen nach, ob Sie richtig liegen: »Ich habe den Eindruck, Sie würden sich jetzt über XY freuen. Ist das richtig?« Sehr oft nämlich liegen wir *nicht* richtig. Und zwar, weil wir **unser Gegenüber** nur durch die Brille unserer eigenen Erfahrungen und Bedürfnisse wahrnehmen können – was das Bild ziemlich verzerren kann. Übrigens: Nicht alle Menschen mögen Blickkontakt. Das kann religiöse Gründe haben, das kann psychische Gründe haben – etwa schon bei mildem Autismus – oder medizinische Gründe. Nicht jeder hat das Glück, überhaupt gut sehen zu können. Auch hier ist es wichtig, nicht vorschnelle Schlüsse zu ziehen – etwa den Kunden als »unfreundlich« oder »beratungsresistent« in eine Schublade zu stecken, in die er gar nicht passt.

Gesicht zeigen

Eine Buchhandlung in Göppingen zeigt Gesicht. Besser: Gesichter. Für jeden Mitarbeiter und jede Mitarbeiterin hat die Buchhandlung individuelle Lesezeichen mit Namen und Porträt drucken lassen. Nun können die Buchhändler immer dann, wenn sie ein Buch gelesen haben und empfehlen möchten, ihr Lesezeichen hinein stecken. So kann jeder Kunde sehen, wer im Geschäft zu dem jeweils gefragten Buch ganz genau und sehr persönlich Auskunft geben kann.

Was steckt dahinter?

Kunden wollen nicht nur Serviceversprechen hören, sie wollen sehen, wer dafür steht. Das hatte das Kommunikationsunternehmen 1&1 verstanden, als es damals Marcell D'Avis in einem TV-Spot als »Leiter Kundenzufriedenheit 1&1« vorstellte und zur Personifikation des Kundendienstes dieses Unternehmen machte. Er war und ist übrigens kein Schauspieler, sondern tatsächlich Mitarbeiter in diesem Unternehmen. Seit 2012 tritt er nicht mehr als Gesicht der Firma auf, man erinnert sich aber immer noch an ihn, und er wird immer noch per »people search« gesucht. REWE und andere Unternehmen mit viel Kundenkontakt haben die Macht des Porträts erkannt und präsentieren große Fotos der Marktleiter in den Märkten. Das Social-Media-Team der Telekom kann über Webcams kommunizieren, und die Mitarbeiter zeigen so gegenüber ihren Kunden im Gespräch Gesicht.

So geht's

Gesicht zeigen – per Foto, per Video, per TV-Spot – ist per se eine gute Idee. Aber nur dann, wenn die dargestellten Personen auch wirklich greifbar sind. Was habe ich von einem schönen Porträt auf einem Lesezeichen, wenn sich die Mitarbeiterin »in echt« als muffelige Servicevermeiderin entpuppt? Das war auch die Herausforderung bei 1&1: Tausende Kunden kontaktierten Marcell D'Avis – nur konnte der Leiter für Kundenzufriedenheit sich natürlich nicht persönlich um alle Anfragen kümmern. Viele erlebten das als Enttäuschung, und so kehrte sich der positive Marketingeffekt am Beginn zunächst ins Gegenteil um. Später wendete sich das Blatt.

»Entschuldigen Sie bitte!«

Vor einiger Zeit aß ich im Hotel Mintrop einen Salat. Als der zuvorkommende junge Mitarbeiter den Teller absterviert, fragt er: »Hat es Ihnen geschmeckt?«, und ich antworte: »Wenn Sie mich so fragen … Der Salat war sehr lecker, aber die Leber leider total durchgebraten«. Er: »Das tut mir leid, so soll das natürlich nicht sein.« Gewöhnlich folgt in so einer Situation die Antwort »Ich gebe es weiter«. Nicht hier. Gefühlt eine Minute später steht die »Jungköchin« mit großen Augen vor mir und sagt »Entschuldigen Sie bitte, dass ich die Leber nicht richtig gebraten habe, es tut mir leid.« Ihr Kollege möchte mich zur Wiedergutmachung noch auf ein Glas Wein einladen. Die Einladung nehme ich nicht an. Welch eine großartige Reaktion der jungen Dame aus der Küche! Wie erfrischend anders als ein unpersönliches »Ich gebe das weiter« des Kellners. Plötzlich hat der kleine Fehler ein freundliches Gesicht! Und ist verziehen.

Was steckt dahinter?

In der Krisenkommunikation entscheidet sich, ob die Kundenbindung gestärkt wird oder ob sie zerbricht. Einfühlsamkeit kann ein Mitarbeiter nirgends besser beweisen als hier. Deshalb ist jede Krise die Chance für das Aufflammen neuer Kundenbegeisterung. Und gut für Serviceglück!

REKLAMATIONEN SIND SERVICECHANCEN.

Im Kundendialog rund um »meinen Salat« steckte alles, was eine perfekte Reaktion auf eine Beschwerde ausmacht: Die Mitarbeiter ließen mich spüren, dass sie mein Feedback ernst nehmen. Das schafft Vertrauen und Sympathie. Sie zeigen eine positive Unternehmenskultur, indem sie mich – die unzufriedene Kundin – anstatt als Störung im fest gefügten Betriebsablauf als Chance sehen, die eigene Leistung zu verbessern.

So geht's

Der amerikanische Marketingpapst Philip Kotler bringt es auf die schlüssige Formel: »Anstatt die Menschen nur als Konsumenten zu sehen, sollten wir sie als ganzheitliche menschliche Wesen sehen, mit Geist, Herz und Seelen.« Wir können diesen Gedanken noch weiter denken: Statt die Menschen auf Seiten der Unternehmen nur als »Servicekräfte« zu sehen, sollten wir auch sie als **ganzheitliche menschliche Wesen** sehen. Und sie ermutigen, sich mit allem, was sie ausmacht – Geist, Herz, Seele – dem Kunden zu zeigen. Gerade dann, wenn Fehler passiert sind. Denn Fehler verzeihen wir. Fehlverhalten hingegen nie.

Ein Kleid sagt mehr als 1000 Worte

Seit vielen Jahren arbeite ich mit einem Kunden im Allgäu zusammen, der mir sehr, sehr ans Herz gewachsen ist. Um die Zuhörer zu überraschen und eine persönliche Hommage an diese wunderbare Region zu auszudrücken, präsentiere ich mich dort das erste Mal in meinem Leben in einem Vortrag im Dirndl. Oft werde ich nach Vorträgen mit schönen Blumen und leckerem Champagner beschenkt, und beides genieße ich natürlich auch sehr. Das Team Schwaben/Allgäu aber überreicht mir an diesem Tag zwei überaus persönliche Präsente. Erstens: Weil ich immer hohe Schuhe trage, und sich jeder fragt, wie man darin so lange stehen kann, ein Wellnesspaket für meine Füße – mit Fußbad, Eisgel und Beinlotion. Und zweitens, weil ich zum Dirndl nicht die obligatorische Kette um den Hals trug, ein richtig hübsches Seidenband mit Herzchenanhänger.

Was steckt dahinter?

Ich hatte mich von einer sehr persönlichen Seite gezeigt und bei den Menschen etwas zum Klingen gebracht. Mein Ansprechpartner gab mir meine Liebe zum Detail mit einem persönlichen Geschenk zurück, und das wiederum berührte mich ganz tief.

Ich vermute, ich bin als Vortragsrednerin mit meiner »Kostümierung« einerseits aus dem Businesshabitus herausgefallen – andererseits habe ich eine Brücke zum Habitus des Kunden hergestellt. Weil ich als Österreicherin ohnehin gerne Dirndl trage, habe ich mich dabei überhaupt nicht »verbogen«.

So geht's

Und das genau ist der Knackpunkt: echt sein. Mit der eigenen Haltung seinem Kunden ein Stück weit »Zuneigung« zu zeigen, ist wunderbar. Das funktioniert aber nur dann, wenn die **Performance** stimmig bleibt. Sonst kippt so etwas ins

Groteske um. Stellen Sie sich einen Vortragsredner in kurzen Lederhosen und mit Tirolerhut mit niederländischem Akzent vor – das funktioniert wiederum nicht.

Schau mal!

Während eines Sprachkurses auf Malta erwähne ich morgens gegenüber meiner Lehrerin Julie, dass ich gerne die Hauptstadt Valetta anschauen wolle. Am Nachmittag bringt sie eine Übersicht der wichtigsten Sehenswürdigkeiten und einen Stadtplan mit – sie ahnt wohl, dass ich keine dicken Reiseführer wälzen würde – und gibt mir einige Insidertipps. Valetta verzaubert mich so, weil ich dank Julie zur richtigen Zeit am richtigen Ort bin.

Später plaudern wir darüber, dass speziell Kakteenfrüchte »difficult to peel« sind. Als ich offenbare, dass ich weder in meinem Leben eine gegessen noch eine geschält habe, bringt sie am nächsten Tag für mich drei geschälte Exemplare zum Probieren mit. Eine Frucht mit Schale samt Messer zum Testschälen und obendrein einen Topf anderer frischer Früchte – mundgerecht vorbereitet.

Was steckt dahinter?

Julie hat es verstanden, meine Interessen und Bedürfnisse ganz entspannt mit ihrem Englischunterricht zu verknüpfen. Sie zeigte mir großzügig und entgegenkommend ihre eigene Geschichte und ihre Kultur. An keinem Punkt aber versuchte sie, mir etwas aufzudrängen oder überzustülpen. Sie machte mir lediglich freundliche Angebote – und ließ mich selbst entdecken.

Voraussetzung für das erfolgreiche »Anknüpfen« an die Kundeninteressen sind Offenheit und Empathie. Außerdem die Flexibilität, jederzeit das vorbereitete Serviceskript über Bord zu werfen und zu ersetzen durch ein anderes, das sich noch dichter an die Kundenbedürfnisse anschmiegt.

So geht's

Schulung und Beratung – das sind sehr persönliche Serviceleistungen. Die Kunst besteht darin, offen zu sein für die Interessen, Bedürfnisse und das Naturell des Kunden. Manch einer freut sich über **individuelle Anpassungen des Serviceskripts** und ist von neuen Gedanken und von Fremdheitserfahrungen begeistert. Manch anderer fühlt sich von Veränderungen, von Fremdem und Neuem schnell überfordert.

Damit dieses Neue sich zeigen und uns beglücken kann, braucht es Offenheit für das Nichtfunktionale und das Nichteffiziente: informellen Austausch, nicht verplante Zeit, einen »Abstand vom Gewöhnlichen und Gewohnten«, schreibt der Philosoph Jürgen Werner. Er plädiert »für den Respekt vor einem Neuen, das sich einstellen will, aber nicht herstellen lässt, weil es am Ende doch ein Geheimnis bleibt.«

Dass es sich nicht erzwingen lässt, verbindet das Neue mit dem Glück. Und in Malta habe ich gelernt, dass weit überzogene Frühstückszeiten und ungeplante

»Schau mal!«-Einheiten ein echter Glücksfaktor im Englischunterricht sein können – und diesen Unterricht keinen Deut weniger effizient machen.

Panorama 4.0

Auf Google Maps sind schon etliche 360-Grad-Panoramen von Hotels und Event-Locations, von Fabrikanlagen und Arztpraxen zu sehen. Ein Klick auf das Streetview-Icon unter einer Google Map macht bereits vorhandene Bilder als blaue Punkte sichtbar, orangefarbene Punkte markieren Indoor-Aufnahmen. Viele Unternehmen haben 360-Grad-Aufnahmen längst auf der eigenen Webseite eingebunden. Und es ist nur eine Frage der Zeit, bis potenzielle Kunden mit der 3-D-Brille durchs Unternehmen laufen, bevor sie »in echt« kommen.

Was steckt dahinter?

Als besondere Attraktion für das bilderhungrige Publikum gab es im 19. Jahrhundert Panoramarotunden zu sehen: riesige Rundbilder, die die Illusion eines weiten Raum erzeugten. Schlachtenbilder, Alpenpanoramen, das alte Rom, die Wüste. Das Kino hat die alten Panoramen abgelöst – doch mit den neuen 360-Grad-Ansichten haben wir sie wieder! »Fernsicht aus der Nähe und die Weite des Raums für das Abenteuer eines Augenblicks. Überwältigend wie ein Kindertraum«, schreibt Ursula Bode über das Panorama des 19. Jahrhunderts (*Die Zeit*, 4.6.1993). Das gleiche gilt für die 360-Grad-Ansichten, die uns heute überall aus dem Web anspringen. Wirklich überwältigt sind wir durch unsere 3-D-Seherfahrungen im Kino zwar nicht mehr – aber eine perfekte Illusion geben sie uns doch. Es fühlt sich an wie: »Ich war da.« Das nimmt Unsicherheit und macht Kaufentscheidungen leichter.

So geht's

Mit einem Google-Account lassen sich eigene **Panoramen** in die Map einbinden und weltweit verfügbar machen. Als Alternative dazu oder zusätzlich sind Panorama-aufnahmen auf der eigenen Webseite sinnvoll, wenn Sie eine besonders schöne Bühne für Ihre Kunden eingerichtet haben.

Blaue Augen zählen

Eine große Restaurantkette steht vor der Situation, dass sich immer mehr Gäste dank des guten WLANs und des noch besseren Kaffees immer länger in den Restaurants aufhalten. Die DNA des Unternehmens ist aber seit Jahrzehnten mit allen Prozessen auf ein hohes Durchlauftempo ausgerichtet. Während die Mitarbeiter also auf »Speed« mit möglichst wenig Schnörkeln und »überflüssiger« Kundenkommunikation trainiert sind, erwarten die Kunden zunehmend einen effektiven und zugleich herzlichen Service.

Was steckt dahinter?

Mit ein wenig Mitarbeitertraining war es leider nicht getan – die gewachsene Kultur des Unternehmens ließ sich nicht von heute auf morgen »umschalten«. Außerdem sprachen viele Mitarbeiter nicht perfekt Deutsch, sodass sie gehemmt waren, einen gewandten, geschweige denn gewitzten Small Talk mit den Gästen zu führen. Um aufgrund dieser Sprachbarriere peinliche Situationen zu umgehen, vermieden viele daher von vornherein jeden Blickkontakt.

So geht's

Genau hier aber fanden wir mit speziellen Ankern einige sehr gute Ansatzpunkte: Wir motivierten die Mitarbeiter im Rahmen eines ausgeklügelten Konzepts, zum Beispiel während ihrer Schicht genau zu zählen, wie viele Gäste mit blauen Augen ihnen begegnen und verbanden die Übung mit einer humorvollen Challenge. Dies hatte erstaunliche Auswirkungen: Die Mitarbeiterinnen und Mitarbeiter fühlten sich plötzlich selbst »gesehen« und damit in ihrer Arbeit stärker anerkannt als je zuvor. Die gelingende Kommunikation ermutigte sie, selbstbewusster aufzutreten und Abläufe aktiv und aus eigenem Antrieb so zu gestalten, dass sich ihre Gäste wohlfühlen konnten.

Auch die Gäste fühlten sich als Menschen respektiert und wahrgenommen – und nicht mehr abgefertigt »wie am Fließband«. Kunden erwidern die **neue Herzlichkeit:** mit größeren Bestellungen, häufigeren Besuchen und mit kleinen, persönlichen Aufmerksamkeiten.

Zum Beispiel mit einer spontan geschenkten Rose: von einem Gast für eine besonders freundliche Mitarbeiterin selbst gemacht. Mit kleinsten Mitteln und größter Hingabe – aus weißen Servietten von der Selbstbedienungstheke.

REDEN UND ZUHÖREN

Ein gelingender Dialog mit Ihrem Kunden umfasst einen klaren Anfang, eine gelungene Wahl der Formulierung und der Dezibelstärke. Es kommt auf Klarheit und den feinfühligen Einsatz von Humor und »Widerwort« an. Besondere Herausforderungen entstehen immer dann, wenn sich zwei im Gespräch nicht direkt in die Augen schauen können: am Telefon. Unsere Stimme ist dann entscheidend, denn wir hören, ob jemand wirklich bei uns ist.

Schöne Grüße!

Ich erinnere mich gerne an ein großes Handelsunternehmen im Raum Wien, das mich für eine Managementberatung engagiert hatte. Im Rahmen des Change-Prozesses brachten wir die Mitarbeiter mit großem Engagement und gezielten Maßnahmen dazu, alle Kunden freundlich zu begrüßen und aktiv auf sie zugehen. Die Bilanz eines Teamleiters nach einigen Wochen: »Seit Sie da sind, haben sich die Kunden total verändert und sind richtig freundlich geworden.«

Was steckt dahinter?

Da kann ich nur sagen: messerscharf analysiert! Dahinter steckt ein ganz altes Sprichwort, das auch in Österreich bekannt sein dürfte: »Wie man in den Wald ruft, so schallt es heraus!« Als Frohnatur in einer progressiven Branche wundert man sich vielleicht darüber, dass ein Change-Prozess mit dem Ziel »Kunden herzlich grüßen« überhaupt notwendig werden kann. In alteingesessenen Branchen aber, im manchmal recht granteligen Raum Wien zumal, kann so etwas notwendig werden. Und nicht nur da.

So geht's

Überall treffen Sie Menschen, die davon immer noch nichts gehört haben und die Sie auch noch verständnislos niederstarren, wenn Sie offensiv »Einen guten Morgen!« wünschen. Tja: Wer anderen etwas Gutes wünscht, der muss einen Augenblick von sich selbst absehen, sich auf einen anderen konzentrieren und diesem zudem noch etwas schenken – auch wenn es nur ein guter Wunsch ist. Dieses von-sich-selbst-Absehen fällt vielen schwer. Dabei kommt es genau darauf an. Ich sage:

SERVICEKOMMUNIKATION MUSS SEIN WIE EIN GUTER ESPRESSO: KONZENTRIERT UND ENERGIEGELADEN.

Gute Servicekommunikation beginnt immer **mit einem zugewandten Gruß.** Immer.

Serviceglück per Telefon

Neulich war ich zu einer Telefonkonferenz verabredet – kurz: Telko. Pünktlich melde ich mich an und warte auf die anderen Gesprächs-partner. Als sich der eine Gesprächspartner fünf Minuten und der andere sieben Minuten zu spät einfindet und dann noch naiv fragt, was eigentlich das Telko-Thema sei, ist für mich klar, dass wir nicht zusammenarbeiten werden, zumal die Inhalte exzellent vorbereitet und kommuniziert waren. Wertschätzung geht anders.

Was steckt dahinter?

Das Unternehmen Intercall veröffentlichte eine spannende Studie, nach der sich 65 Prozent der Teilnehmer von Telefonkonferenzen während der Gespräche auf eine andere Arbeit konzentrieren. 63 Prozent schreiben E-Mails, 55 Prozent ma-chen sich gerade etwas zu essen oder kauen schon, und 47 Prozent suchen gar die Toilette auf. Manche telefonieren in der Umkleidekabine und einige sogar im Pool. Ja, oft genug ist das auch nicht zu überhören.

So geht's

Dass man sich beim Telefonieren nicht direkt in die Augen schaut, **ist Vorteil und Verführung** zugleich. Vorteil ist, dass man sich auf die zu besprechenden Inhalte konzentrieren kann und dabei nicht noch zusätzlich besonders kompetent aussehen muss. Dabei gleich die Contenance komplett über den Haufen zu werfen, ist ein verführerischer Gedanke – dem Sie aber nicht erliegen sollte, wenn Ihnen Ihr Serviceglück ein Anliegen ist. Unkonzentriertheit kommt beim Gegenüber an. Und Whirlpool-Geplätscher ist nicht gerade der Sound, der Fachkompetenz positiv unterstreicht. Businesscodes sind eben nicht nur *sichtbare* Zeichen. Man kann auch mit deutlich *hörbaren* Fauxpas das Vertrauen der Kunden verspielen.

Aus dem Bett geschrien

Vor einiger Zeit hielten mein Partner Carsten und ich unseren Doppelvortrag in Frankfurt. Schon um 8:30 Uhr stehen wir auf der Bühne. Wie immer bestelle ich mir meinen Cappuccino aufs Zimmer, an diesem Morgen für 7 Uhr. Noch bevor mein Wecker klingelt, vernehme ich schlaftrunken ein zartes Geräusch an der Tür. Erst nach einem kurzen Moment realisiere ich: »Roomservice!« und springe aus dem Bett, damit der Kellner ja nicht wieder mit meinem Morgenlebenselixier Cappuccino wegläuft. Ich sage zu dem jungen Mann: »Vielen Dank und noch ein kleiner Tipp: Seien Sie nicht so zaghaft beim Klopfen, ich hätte Sie beinahe nicht gehört.« Nach dem Vortrag sagt Carsten so

nebenbei zu mir: »Der Roomservicekellner heute Morgen hat so an
meine Tür gepoltert, dass ich beinahe aus dem Bett gefallen wäre vor
Schreck. Das habe ich ihm auch direkt gesagt.«

Was steckt dahinter?

Die Begegnung mit einem Kunden in einer prekären Situation – und ein aus dem
Tiefschlaf gerade erwachender Kunde befindet sich definitiv in einer prekären Situation – ist für einen Mitarbeiter eine große Herausforderung, die verunsichernd
wirken kann. Es ist daher erst einmal richtig, dass der Mitarbeiter größte Vorsicht
walten lässt, um dem Gast so viel Würde, Freiheit und Privatsphäre zu lassen wie
eben möglich.

So geht's

Wenn Servicekommunikation auch in prekären Situationen zum Job gehört, hilft
nur *Aufklärung* über eine alte Konvention: **Diskretion.** Diese besteht in der
Kunst, exzellenten Service im Backstage-Bereich des Kundenlebens zu erbringen
und auf der offiziellen Bühne seines Lebens darüber absolutes Stillschweigen zu
bewahren. Im Hotel heißt das: dem Gast selbstbewusst und freundlich einen Cappuccino servieren, dabei großzügig über seinen verschlafenen Zustand hinwegsehen und später niemals und nirgendwo darauf zu sprechen kommen. Weder über
das out-of-bed-hair noch über alles weitere, das ihm im Zimmer offiziell nicht
hätte zu Augen oder zu Ohren kommen sollen.

Das gleiche Prinzip gilt im Gesundheitswesen: Ein guter Arzt lästert nicht im Be-
kanntenkreis darüber, wie Frau Müller auf dem OP-Tisch ausgesehen hat. Ein guter
Finanzberater behält seine intimen Kenntnisse der Vermögenslage seiner Kunden
selbstverständlich für sich. Und ein Business-Coach spricht nirgendwo über das,
was ihm seine Klienten anvertraut haben.

Diskretion ist das wichtigste Zauberwort, wenn Service persönlich wird.

Die Kunst der richtigen Wortwahl

*Ein Freitagabend in Graz, ein schönes, funkelnagelneu umgebautes
Restaurant, eine erlesene, sehr spezielle Speisekarte mit vielen delika-
ten Fleischgerichten. Meine Freundin Monika, die nicht gerne Fleisch
isst, fragt den Kellner, ob sie als Hauptgang den Spezialsalat mit Rie-
sengarnelen haben könnte, den sie vor dem Umbau einmal dort
gegessen hatte. Seine weniger erlesene Antwort: »Seeeeeeeeeehr
ungern. Finden Sie nichts anderes?« Sie: »Nein«. Er: »Naja, dann
machen wir es halt.« Wie charmant hätte seine Antwort klingen können: »Das machen wir gerne« oder »Was essen Sie denn gerne? Dann
zaubert unser Koch Ihnen etwas ganz Spezielles«. Gut: Er hat uns mit
einer exzellenten Weinempfehlung und einer wundervollen Dessertva-
riation wieder versöhnt. Aber bis dahin war unser geflügeltes Wort
des Abends »Seeeeeeeeeehr ungern ...!«*

Was steckt dahinter?

»Ja« – das ist »das menschlichste Wort«, sagt der Philosoph Jürgen Werner. Deshalb sagen wir so leicht »Ja«, auch wenn wir lieber »Nein« gesagt hätten. Ein klares »Nein« setzt eine klare Grenze. Grenzen reizen den, dem die Grenze vor die Nase gesetzt wird, zum Widerstand. Und auf widerspenstige Kunden haben Mitarbeiter keine Lust. Deshalb kommt vordergründig so schnell ein »Ja!«, schlimmer noch ein »Ja, ja!« – das eigentlich »Nein« heißen müsste, in diesem Fall aber doppelt ungeschickt in ein »Seeeeehr ungern« umgemünzt wurde. *Doppelt* ungeschickt wegen der fehlenden Klarheit einerseits und der divenhaften Serviceunlust-Äußerung andererseits. Ein Mitarbeiter kann keine unlustgesteuerte Diva sein. Da stimmt die Haltung nicht. Das funktioniert nicht.

So geht's

Serviceglück blüht nicht im Nebel auf, sondern im Licht. Deshalb ist **Klartext** so wichtig. Ein Kundenwunsch lässt sich entweder realisieren – und dann richtig und mit vollem Engagement – oder er lässt sich nicht realisieren. Und dann konsequent nicht. An diesem Punkt muss eine empathische und kluge Beratung einsetzen, die die Kompetenzen des Hauses ganz klar auf den Punkt bringt. So kann auch ein »Nein« ein wunderbarer Aufhänger für eine persönliche und intensive Kommunikation mit dem Kunden sein.

Nein sagen

Beim Oktoberfest in München haben wir nach dem Weißwurstfrühstück Lust auf gebrannte Mandeln und gehen kurz aus dem Zelt zu einem Stand. Wir bitten darum, eine Tüte von den ganz frischen, warmen Mandeln zu bekommen. Die Dame hinter der Theke: »Die schmecken aber net. Die bicken ja alle zsam« Wir: »Wir hätten sie aber trotzdem gern.« Nach ein wenig hin und her sagt schließlich ihr Mann zu ihr »Dann gibi eanes hoit, wenn sie's woin.« Die Mandeln schmecken köstlich.

Was steckt dahinter?

Eigentlich schade, dass die Beschaffung so mühsam war. Qualität ist schließlich, was der Kunde will ... Oans, zwoa ... Sie wissen schon.

So geht's

Mitarbeiter sollten erstens ihren guten Willen zeigen und zweitens gegenüber ihren Kunden gut begründen können, warum welches Produkt welche Qualität hat oder nicht hat. Private Geschmacksurteile oder der Verweis auf alte Konventionen reichen an dieser Stelle nicht aus. **Da müssen Argumente kommen.** »Ich gebe Ihnen die Mandeln gerne. Ich habe nur ein bisschen Sorge, dass der heiße, flüssige Zucker Ihnen die Zahnfüllungen herauszieht« zum Beispiel wäre ein Argument gewesen, das ich vielleicht ernst genommen hätte.

Gekonnt aus der Rolle fallen

Es ist 20:55 Uhr, ich sitze im ICE. Der Zugchef meldet sich mit sonorer Stimme über den Lautsprecher: »Einen schönen guten Abend, sehr verehrte Fahrgäste. Wir laden Sie ganz herzlich ein in unser Bordrestaurant. Heute gibt es als besondere Empfehlung ein leckeres, rotes Curry mit zartem Schweinefleisch und Shiitake-Pilzen für nur XY €, außerdem frische Tomaten mit Mozzarella an einem würzigen Pesto. Wir freuen uns auf Ihren Besuch. Ab 20 Uhr ist Happy Hour. Da bekommen Sie alle 0,3-Liter-Getränke für schlappe zwei Euro vierzich. Sie finden uns in dem Wagen mit der Startnummer elf. Ich wünsche Ihnen noch eine schöne Weltreise. So, jetzt wissen Sie Bescheid.« Es dauerte eine Weile, bis sich die Reisenden von ihren Lachanfällen erholt hatten.

Was steckt dahinter?

Alfred Brendel, einer der bedeutendsten Pianisten unserer Zeit, hat sich ausführlich über den »Humor in der Musik« Gedanken gemacht. Er kommt zu dem Schluss, dass wir klassische Musikstücke dann als komisch empfinden, wenn sie mit »sprunghaft übermütigen«, mit »unerlaubten« oder »unerwarteten« Klängen daherkommen. Ob nun ein H-Dur-Akkord in einer C-Dur-Sonate von Haydn komisch wirkt oder nicht, das erschließt sich dem modernen, ungeübten Hörer nicht mehr unbedingt. Was wir aber alle auswendig kennen, sind die vorgefertigten Durchsagen der Deutschen Bahn. Umso mehr amüsieren wir uns bei spontan-verrückten Durchbrüchen der vertrauten Textbaustein-Ansagen durch Mitarbeiter, denen ein charmanter Schalk im Nacken sitzt.

Alfred Brendel hat eine Reihe von Merkmalen gesammelt, die »zum gebräuchlichen Vorrat des allgemein Komischen gehören«, vor allem in den angelsächsischen Ländern. Er nennt fünf Punkte:

»1. Verstöße gegen das Übliche;

2. der Anschein von Mehrdeutigkeit;

3. die Maskierung von Vorgängen oder Umständen als etwas, das sie nicht sind, zum Beispiel naiv und stümperhaft;

4. verschleierte Beleidigungen;

5. und schließlich: Nonsens.«

Da kann ich nur sagen: Alles richtig gemacht, lieber Zugchef!

So geht's

Weil sich das Lachen an den menschlichen Witz richtet, also an Geist und Verstand, und **weil Lachen auch noch hochgradig ansteckend ist,** erweisen sich Unternehmen selbst einen guten Dienst, wenn sie solche Ausreißer zulassen. Im richtigen Moment, in richtiger Dosis und im richtigen Format ist das hohe Marketingkunst, für die sich Agenturen wie Jung von Matt sehr gut bezahlen lassen. Denken Sie nur an die Kampagne für Edeka mit dem Schauspieler Friedrich Liechtenstein und dem Lied *Supergeil* von »Der Tourist«. In einem Video werden zahlreiche Artikel vorgestellt und als »supergeil« bezeichnet, während Liechtenstein in Edeka-Milch badet, durch einen Edeka-Laden tanzt und sich schließlich selbst an die Kasse setzt. Das Video wurde 2014 in knapp einer Woche über vier Millionen Mal (!) aufgerufen. Noch bemerkenswerter ist es, wenn dieser Effekt den Mitarbeitern gelingt. Sie wirken viel öfter und länger als jede Kampagne.

Schöner streiten

Ich hatte mir einen Lederrock eines renommierten Modelabels in einem Fachgeschäft in Österreich gekauft. Als das gute Stück nach zwei Mal Tragen eine Nummer größer und das Leder so ausgebeult ist wie meine Trachtenlederhose nach 15 Jahren nicht, reklamiere ich den Rock beim Hersteller und erhalte daraufhin diese Antwort (ja, inklusive der grammatikalischen Fehler):

»Sehr geehrte Frau Hübner,
es tut uns leid, dass Sie Probleme mit einem Artikel aus unserem Haus haben. Ihr Rock ist bei uns eingegangen. Bevor ich jetzt Kontakt zu unserem Händler in Graz aufnehme, habe ich die Maße des Rockes verglichen mit einem entsprechenden Rock aus unserem Lager. Wir konnten kein Unterschied feststellen, im Gegenteil ihr Rock ist Bund-Bereich eine Idee kleiner 0,03cm was durchaus in der Toleranz liegt .
Ganz davon abgesehen, dass das Leder beim Tragen immer etwas nachgeben wird sieht der Rock optisch genauso aus wie der Rock aus unserem Lager. Aus diesem Grund lehnen wir die Reklamation ab. Sie erhalten Rock zurück und fügen Ihren Kassenbeleg bei.«

Was steckt dahinter?

Natürlich machte mich diese Antwort nicht glücklich, denn es interessiert mich wenig, wie lagernde Röcke aussehen. Ich hatte doch erwartet, dass die Qualität eines Premiumherstellers auch Premium ist. Aber hier gibt es offenbar eigene Vorstellungen: Eine Verkäuferin belehrte mich in einer ähnlichen Situation einmal: »Hier handelt es sich um einen Tragefehler. So hochwertige Stücke kann man nicht permanent tragen.« So scheint es auch hier zu sein: Man darf den Rock nicht anziehen, wenn man keinen Fehler machen will.

Serviceglück funktioniert so natürlich nicht. Wer seine Kunden glücklich machen will, darf ihnen durchaus widersprechen. Aber nicht derartig kleinkariert und rechthaberisch wie meine supergenaue Rockvermesserin. Wer seine Kunden glücklich machen will, darf sich sogar mit ihnen streiten. Aber konstruktiv! Ziel ist nämlich nicht, um jeden Preis Harmonie herzustellen oder einen Konflikt mit dem Maßband wegzudiskutieren. So etwas stellt die Kommunikation still. Dreht die Resonanz ab. Verhärtet die Beziehung.

So geht's

Die Kunst besteht darin, **konstruktive Auseinandersetzungen** zuzulassen mit dem Ziel, für den Kunden und das Unternehmen die beste Lösung zu finden. Eine Lösung, die für beide Seiten tragbar ist. Der Weg dahin kann steinig sein, er bringt die beteiligten Menschen aber in einen so intensiven Kontakt, dass ausgerechnet aus einem Konflikt eine wunderbare und langfristige Kundenbeziehung erwachsen kann.

Hallo, Echo!

Seit Herbst 2016 vertreibt Amazon ein System namens Echo – in der Vollversion derzeit erhältlich für 179,99 Euro, der kleinere Echo Dot ist für 59,99 Euro zu haben. Echo ist ein persönlicher Assistent, der auf Sprache reagiert. Er hört mit sieben Mikrofonen und er spricht via »Alexa«: So heißt die Stimme – ähnlich kennen wir das schon von Apples Siri und Microsofts Cortana. Alexa beantwortet Fragen und erledigt Jobs. Sie kann zum Beispiel die Wetterprognose oder anstehende Termine aufsagen, die Einkaufsliste ergänzen, Bahnverbindungen heraussuchen oder Musikstücke finden und abspielen. Ähnlich wie Siri simuliert auch Alexa Small Talk und verfügt sogar über einen eigentümlichen Humor (User: »Alexa. Ich bin dein Vater.« Alexa: »Nein, das ist nicht wahr. Das ist unmöglich!«).

Was steckt dahinter?

In den 1990er Jahren haben wir darüber gestritten, ob unser geliebter Fernseher den Computer schluckt oder ob unser Personal Computer nun auch der neue Fernseher sein wird. Mit dem Auftauchen der Smartphones ist alles ganz anders gekommen – das Smartphone wurde DIE neue Schnittstelle. Für alles. Mit den neuen, sprachgesteuerten Assistenten wie Echo und zukünftig auch »Google Home« könnten wieder neue Zeiten anbrechen und diese Hightech-Produkte den ersten Platz auf der Liste der relevanten Kommunikationsgeräte einnehmen. Das Rennen entscheiden dann die Unternehmen für sich, denen es gelingt, mit ihrem Kunden am engsten »im Gespräch« zu bleiben. Immer und überall. Wo sich dieses

Gespräch mit einem Serviceroboter durchsetzt, wird das Smartphone möglicherweise obsolet. Das verspricht dem Kunden noch mehr Tempo und noch mehr Bequemlichkeit und den Unternehmen noch mehr Kundennähe – der Preis wird in Nutzerdaten gezahlt.

So geht's

Amazon, Google und Co. sind bei der Entwicklung der sprachgesteuerten Geräte und Plattformen auf sogenannte Drittentwickler angewiesen: Das sind Wetter-App-Anbieter, das sind Content-Unternehmen wie Chefkoch, und das sind Logistikdienstleister wie die Deutsche Bahn. Wer in Zukunft mit seinem Kunden im Gespräch bleiben will, der muss sich sein Kuchenstück genau hier sichern: in der **neuen Voice-Servicewelt des Kunden.**

LESEN UND SCHREIBEN

Anders als beim direkten Gespräch mit dem Kunden werden bei der schriftlichen Kommunikation mehr Fehler gemacht und mehr Missverständnisse produziert. Sie bleiben oftmals unbemerkt und richten gerade deshalb umso mehr Schaden an. Die schlimmsten Serviceglück-Killer sind Textbausteine und automatisierte Antworten in der Online-Kommunikation. Wem eine persönliche, authentische und herzliche Ansprache auch in der schriftlichen Kommunikation gelingt, beherrscht eine Königsdisziplin im Service, die sich durchaus zu einem USP entwickeln kann.

Lost in Translation

»Я не могу работать с системой навигации!« So etwa sah die typografische Fremdheitserfahrung aus, die ich im Kontakt mit dem Navigationsgerät eines Leihwagens erlebte. Ich bin ja offen für Neues. Aber finden Sie mal im System eines gemieteten Hightech-Fahrzeuges das Menü »Systemeinstellungen/Sprache ändern«, wenn Sie nicht einmal »Bahnhof« verstehen. Da wäre es doch ein schöner Service, wenn

bei jeder Wagenrücknahme das Navi standardmäßig wieder auf Eng-
lisch oder Deutsch gestellt würde.

Was steckt dahinter?

Unverständlichkeit gehört zu den schlimmsten Unfällen in der Servicekommunikation. Kaum etwas ist ärgerlicher, als wenn bei einem lang ersehnten Produkt nur
eine Gebrauchsanweisung in Japanisch, Italienisch oder Hindi beiliegt – oder der
typografisch verhunzte, für Laien absolut unverständlich bleibende Sermon eines
Technik-Superhirns. Unangenehm sind Abkürzungen, Fachausdrücke und Anglizis-
men, die den Experten vermeintlich als Profi ausweisen, dem Kunden aber schlei-
erhaft bleiben.

Böse Absicht steckt selten dahinter, es ist immer Gedankenlosigkeit oder mangeln-
des Einfühlungsvermögen in die Kompetenzen der Kunden. Mehrfach schlimm:
Der Kunde ist enttäuscht, er zweifelt bei einem solchen Erlebnis am gesunden
Menschenverstand des Unternehmens und fühlt sich darüber hinaus auch noch
missverstanden – oder als inkompetent dargestellt und ist darüber zu Recht
beleidigt.

So geht's

Dass ein sehr gutes, mit hohem Aufwand entwickeltes Produkt an einem schlechten Beipackzettel zugrunde geht, lässt sich sehr leicht verhindern. Das Zauberwort
heißt **mystery shopping.** Lassen Sie Testkunden Ihre Produkte ausprobieren und

Das wagen Ihre Mitarbeiter nicht? Dann versichern Sie Ihnen, dass die meisten Kunden großzügig über einen kleinen Tippfehler oder eine leicht ungelenke Formulierung hinwegsehen, wenn etwas anderes stimmt: **echte Herzlichkeit!**

Ich persönlich finde geradlinig, einfach und authentisch formulierte E-Mails viel einladender als pseudo-eloquent verschraubte Formulierungen von Mitarbeitern, die auf Biegen und Brechen »Exzellenz« performen wollen – ohne genau zu wissen, was das eigentlich sein soll.

SCHENKEN UND VERZAUBERN

Kleine Geschenke erhalten das Serviceglück. Nein, es müssen nicht immer gleich die große Flasche Champagner oder der teure Kugelschreiber sein. Besonders dankbar sind Kunden oft für die kleinen Dinge, die den Alltag erträglicher machen: ein Kaffee! Eine kostenlose Ersatzschraube! Leuchtende Kundenaugen belohnen Sie auch, wenn Sie statt materieller Dinge ganz andere Geschenke machen: Wege, Zeit, Vertrauen, Freiheit.

Extrameilen

Am Flughafen Stuttgart kaufe ich eine Bodylotion. Das Produkt verwende ich seit vielen Jahren. An der Kasse zeigt die junge Dame auf die Flasche und fragt freundlich: »Wollten Sie das Duschgel kaufen?« Ich: »Nein, die Bodylotion« Sie: »Da gibt es jetzt auch das Duschgel dazu, und das sieht genauso aus. Viele unserer Kunden übersehen das und erwischen die falsche Flasche.« Ich will gerade in Richtung Regal losstarten, da eilt ihre Kollegin schon herbei, nimmt mir die Flasche ab

und sagt: »Ich hole Ihnen gerne die Bodylotion.« Und am Ende gibt sie
mir noch eine Probe des neuen Duschgels mit. Das kaufte ich dann
beim nächsten Mal dazu.

Was steckt dahinter?

Die »Extrameile« gehen – das ist beim Thema Service zum geflügelten Wort geworden. Warum aber machen Extrameilen den Kunden glücklich? Ich glaube, dass »der Weg« per se aufgeladen ist mit ganz viel Symbolkraft. Wir Menschen erleben unser ganzes Leben als Weg. Und zwar als Weg zu einem Ziel. Das Ziel gibt uns Kraft und Sinn. Wenn nun ein Mitarbeiter sich auf den Weg macht und sich als Ziel die Freude des Kunden aussucht – also mich! – dann erleben wir das als höchste Wertschätzung.

So geht's

Es muss nicht immer gleich eine ganze Meile sein. Oft machen wenige Meter, die wir auf unseren Kunden zugehen, einen **entscheidenden Unterschied.** Dieser Unterschied lässt sich übrigens ablesen und messen. Haben Sie schon einmal darüber nachgedacht, die Zahl der beglückt *leuchtenden Kundenaugen* pro Tag bewusst zu erheben?

Vertrauen

*Reziprozität lautet das Motto des Restaurants »Reiser Genussmanu-
faktur« in Würzburg. Ein wirklich außergewöhnliches Konzept, das
üppige Gänge durch viele köstliche Kleinigkeiten ersetzt. Und weil wir
ja heute oft von den Dingen nur noch den Preis kennen und nicht mehr
den Wert zu schätzen wissen, steht der Monat April unter der Aktion
»Genussvolle Wertschätzung«. Dabei bekommt jeder Gast eine Karte
ohne Preise und zahlt am Ende das, was ihm der Genuss wert war –
mindestens einen Euro. Wir haben es so erlebt: Nach einer ausführli-
chen Diskussion über schöne Abende, über Genuss an sich und den
Wert dieses Abends im Besonderen haben wir »unseren« Preis festge-
legt und gezahlt. Und der lag fast 20 Prozent über dem »echten«
Preis!*

Was steckt dahinter?

Die »Reiser Genussmanufaktur« zeigt höchstes Vertrauen in die Kompetenz ihrer
Gäste, überhaupt genießen zu können und dann auch noch zu einer vernünftigen
Wertschätzung dieses Genusses in der Lage zu sein. Dieses Vertrauen ist genau das
Gegenteil von Kleinlichkeit. Und hier liegt der Knackpunkt: Der kleinliche, überge-
naue, misstrauische Unternehmer oder Mitarbeiter neigt zur Rechthaberei. Und
ganz gleich, ob er »in echt« Recht hat oder nicht – er macht mit diesem Verhalten
den anderen klein und damit sich selbst.

So geht's

Eigentlich ist es ganz einfach: Kleinlichkeit erstickt Kundenglück. Und **Großzügig-keit** löst beim Kunden das Gefühl aus, *grandezza* erleben zu dürfen. Das ist eine besondere Form der Anerkennung. Die macht glücklich! Und auch wenn es einige, wenige Gäste geben mag, die einen derartigen Vertrauensvorschuss zu ihren Gunsten ausnutzen – die vielen anderen, die ihrer Großzügigkeit freien Lauf lassen, gleichen das nachweislich locker wieder aus.

Schraube locker?

Vor ein paar Jahren kaufte ich für meine damalige Wohnung eine hochwertige Küche eines deutschen Premiumanbieters. Nach etwa drei Jahren arretierten die Beschläge im Oberschrank nicht mehr, und ich musste jedes Mal die Finger ganz schnell wegziehen, damit ich sie mir nicht einklemmte. Als ich den Hersteller darum bitte, mir Ersatz zu schicken, verweist er mich an den Händler mit der Information: »Die Zwei-Jahres-Garantie ist abgelaufen. Diese Beschläge gibt es nicht mehr. Sie können jedoch auf das neue System umbauen lassen. Kosten: 800 Euro«. »Sauber«, denke ich mir, »das habe ich mir anders vorgestellt«

Dann bin ich umgezogen und habe die vier Jahre alte IKEA-Küche meines Vormieters abgelöst. Und wieder: Die Mechaniken aller drei Oberschränke arretieren nicht. So mache ich mich seit langem wieder ein-

mal in ein IKEA-Möbelhaus auf und suche ohne Erfolg nach dem Regal mit den Beschlägen. Der Mitarbeiter an der Info schickt mich zum Kundenservice. Ich ziehe eine Nummer, komme recht schnell dran, präsentiere das Teil, und die Mitarbeiterin holt flugs die sechs (!) Beschläge und drückt sie mir in die Hand. Als ich mit offenem Geldbeutel immer noch erwartungsvoll und unbedarft da stehe, sagt sie freundlich: »Das kostet nichts. Das ist unser Service.«

Was steckt dahinter?

Großzügig in Kleinigkeiten! Dass sich eine solche Haltung vom Unternehmen auf die Mitarbeiter überträgt, hatte ich bei einem anderen IKEA-Besuch schon erlebt, als ein Mitarbeiter meiner Kollegin und mich mit einer spontan geschenkten Süßigkeitenpackung aus dem eigenen Jausenbeutel vor dem Unterzuckerloch rettete (Stichwort: Giotto!).

Die große Wirkung kleiner Geschenke lässt sich mit dem Zauberwort Reziprozität erklären. Wenn wir etwas geschenkt bekommen, haben wir das Bedürfnis, etwas zurückzuschenken. Ein uraltes Programm: Heute teile ich mein Mammut mit dir und morgen gibst du mir von deinem Säbelzahntiger ab. »Der Bauch der anderen ist Ihr Kühlschrank«, schreibt Rolf Dobelli in *Die Kunst des klaren Denkens* (Carl Hanser, 2011). »Reziprozität ist Risikomanagement. Ohne Reziprozität wäre die Menschheit – und unzählige Tierarten – schon lange ausgestorben.«

So geht's

Schenken festigt die Kundenbeziehung. Deshalb gehört zu jedem Servicedesign auch eine **»Geschenkeabteilung«.** Achtung: Billiges Merchandising ist hier nicht gemeint. Die Relevanz für den Kunden macht den Unterschied! Also: Passende Schraube statt überflüssiger Kugelschreiber. Und ganz wichtig: die richtige Kommunikation immer mit dazu.

Mehr Tempo als gedacht

Vor einigen Monaten brachte ich ein Kostüm in die Schneiderei, um etwas reparieren zu lassen. Die Schneiderin: »Wir haben gerade richtig viel zu tun. Das ist ein sehr schönes Stück, dafür möchte ich mir gerne genug Zeit nehmen. Reicht es Ihnen, wenn wir das Kostüm in einer Woche fertig haben?« Ich: »Wenn es nicht anders geht, dann muss ich mir für die Videoaufnahmen etwas anderes überlegen.« Nach drei Tagen klingelt mein Telefon: »Liebe Frau Hübner, wir haben es schneller geschafft! Sie können Ihr Kostüm jetzt abholen.« Was für eine schöne Überraschung – zumal es damals mein Lieblingsoutfit war und vor der Kamera Wohlfühlen das A&O ist.

Was steckt dahinter?

Unangenehme Dinge sollten wir immer bündeln. Das gilt für das Ausfüllen von Formularen, das gilt aber auch für die Gestaltung von Wartezeiten. Studien aus der Notaufnahme in Krankenhäusern zeigen, dass die subjektive Wartezeit als viel länger wahrgenommen wird, wenn sie sich auf ein »Warten auf Raten« verteilt: zuerst am Empfang, dann im Gang vor dem Behandlungszimmer, dann im Gang vor der Röntgenabteilung und so weiter. Viel einfacher lassen sich Wartezeiten verkraften, wenn schon zu Beginn klar gesagt wird: »Jetzt brauchen Sie ein wenig Geduld. Das dauert jetzt etwa drei Stunden!«

Das gleiche gilt für andere Branchen: Wie oft kommt es vor, dass bestellte Ersatzteile zu spät ankommen, dass vereinbarte Termine nicht wahrgenommen werden können – und der Kunde nicht Bescheid bekommt. Verärgert ruft er dann im Unternehmen an und fragt, wo die Ware bleibt oder der Techniker. Der Mitarbeiter im Unternehmen hat jetzt schon ein doppelt schlechtes Gewissen: Zum einen, weil das Versprechen nicht eingehalten wurde. Und zum anderen, weil er sich nicht proaktiv beim Kunden gemeldet hat. In diesem Moment passiert der immer gleiche Kapitalfehler. Der Mitarbeiter sagt: »Es kann nicht mehr lange dauern, ich schätze, maximal zwei Tage.« Weil er ein derartig schlechtes Gewissen hat, sind die zwei Tage zu optimistisch eingeschätzt. Zwei Tage später ruft dann der Kunde wieder an und fragt erneut. Und wieder muss der Mitarbeiter ihn vertrösten.

So geht's

Diese »Salamitaktik«, also das maximal scheibchenweise Informieren der Kunden, ist extrem ungeschickt, weil sie den Kunden verärgert und frustriert, und weil sie auch die Stimmung im Unternehmen drückt. Viel besser ist es, realistisch oder besser noch **großzügig zu schätzen:** »Realistisch betrachtet wird es noch fünf Tage dauern!« Wenn Sie dann nach vier Tagen liefern, ist der Kunde positiv überrascht.

Fazit also: Wartezeit besser von vornherein klar kommunizieren statt Verzögerungen scheibchenweise zu servieren. Das wird häufig sehr ungeschickt gemacht.

Und noch ein Absacker

Jedes Mal, wenn ich meine Lieblingsparfümerie besuche, bekomme ich ein Glas Sekt angeboten. Oft lehne ich ihn ab, freue mich aber trotzdem. Jedes Mal, wenn ich in meinem Münchner »Stammhotel« übernachte und am Morgen um 5:30 Uhr zum Flughafen aufbreche, spendiert mir der Night-Manager einen Cappuccino to go. Den nehme ich immer sehr dankbar an. Obwohl die Zimmer in diesem Hotel nicht perfekt sind, empfehle ich es gerne weiter.

Was steckt dahinter?

Getränke spendieren ist aus zwei Gründen eine zwar einfache, aber hoch erfolgreiche Serviceglück-Strategie. Erstens etablieren Sie damit ein Ritual für Stammkunden. Und Stammkunden lieben Rituale. Auf Rituale kann man sich schon vorher freuen, Rituale verbinden, Rituale geben Struktur und Sinn. Und zweitens zahlen sowohl alkoholhaltige als auch heiße Getränke direkt auf Serviceglück ein.

Das Forscherteam Lawrence E. Williams und John A. Bargh hat in einer Studie festgestellt, dass Menschen mit einer warmen Kaffeetasse in der Hand andere Personen tendenziell als »warmherziger« empfinden als Menschen, die ein Kaltgetränk in Händen halten und andere Personen beurteilen sollen

Und Untersuchungen zur Zeitwahrnehmung unter dem Einfluss von Alkohol zeigten, dass sich erlebte Zeiträume verkürzen, weil schon geringe Mengen Alkohol das Einspeichern von Ereignissen in das Gedächtnis behindern. Ein »Absacker« oder Sektgläschen lässt also die Zeit für den Kunden subjektiv schneller ablaufen. Das ist besonders dann sinnvoll, wenn Wartezeiten oder Langeweile überbrückt werden sollen – aber auch, wenn man sich für den Kunden um ein Gefühl der »Kurzweiligkeit« bemühen möchte.

So geht's

Es klingt fast zu einfach, um wahr zu sein – aber es ist so: Mit dem Spendieren von Getränken können Sie die Zuneigung des Kunden und dessen Zeitwahrnehmung ein Stück weit steuern. Das gleiche gilt natürlich für die Stimmungslage der Mitarbeiter und für die eigene Stimmung. Deshalb ist es durchaus eine gute Idee, auch im Team großzügig Heißgetränke zu spendieren und hin und wieder **die Korken knallen zu lassen.**

FAZIT_5

Glück schenken! Schauen und zeigen, reden, lesen und schreiben, schenken und verzaubern – in der Begegnung macht immer das WIE den entscheidenden Unterschied.

Im Erleben des Kunden, da bin ich sicher, dominiert dieses WIE sogar das WAS. Das gilt online wie real, das gilt bei Geschäftskunden genauso wie bei Privatkunden, das gilt im Krankenhaus genauso wie im Reisebüro, im Finanzwesen genau wie im Anlagen- und Maschinenbau, in der IT-Branche genauso wie im Handel und in der Gastronomie.

Das WIE entscheidet. Ein besonderes WIE fruchtet dann umso mehr, wenn das WAS, das Servicedesign, mit Empathie und Bedacht aufgesetzt wurde. Wenn das WAS stimmt, dann macht ein exzellentes WIE aus der Begegnung mit dem Kunden etwas ganz Besonderes: Serviceglück!

ZUM GLÜCK!

Es wird nicht viel darüber gesprochen – ich meine aber, in den vergangenen Jahren Folgendes beobachtet zu haben: Weil Kunden in ihrem Alltag immer mehr online erledigen und gleichzeitig von ihrem Job immer mehr gefordert werden, empfinden sie ihr Leben als zunehmend hektisch, einsam und sinnentleert. Das gilt sicher nicht für alle Menschen gleichermaßen, aber für eine große Zahl.

In ihrer privaten Konsumwelt verschieben Kunden ihre Sehnsucht nach Sinn und Sinnlichkeit, Verbundenheit und Freundschaft, Anerkennung und Inspiration möglicherweise immer mehr in Richtung ihrer Dienstleister. Die Marktforschungsgesellschaft *Rheingold* formuliert es überspitzt so, dass es vielerorts nicht mehr um das »Ich verkaufe dir was«, gehe, sondern um ganz neue Versprechen: »Ich verwandele dich«, »Ich baue dich auf«, »Ich stärke dich« und »Ich entwickele dich«.

Wo ein Kunde nicht weniger als einen »finalen Moment der Selbsterhöhung« erwartet, kann natürlich viel schiefgehen. Genau hier liegen aber auch neue Chancen für den Service. Denn Menschen, so möchte ich die Einschätzung von *Rheingold* ergänzen, wünschen sich nicht nur Verwandlung, Aufbau, Stärkung und Entwicklung – sie suchen nach etwas, das viel einfacher, viel grundlegender und viel existenzieller ist. Sie suchen eine tiefe Resonanz in der Begegnung. Sie suchen Freude und Sinn. Sie suchen Zugehörigkeit, und, ja: Liebe.

Diesem Wunsch können und sollten wir als Unternehmer und Führungskräfte, Mitarbeiter und Freelancer einen Rahmen geben und eine Struktur. Entscheidend sind drei Zutaten:

WO: Serviceglück braucht eine stimmige und für den Kunden perfekt inszenierte **Bühne** mit einem sicheren Backstage-Bereich. Offline wie online.

WAS: Serviceglück braucht ein **kluges Skript**, das einen flexiblen und möglichst freien Umgang mit Servicezeiten und technischen Systemen ermöglicht. Wieder offline wie online.

WIE: Serviceglück braucht Servicehelden, die sich durch vier »Superkräfte« auszeichnen: Eine hohe **Konzentrationsfähigkeit**, eine scharfe **Wahrnehmung**, spritzige **Kreativität** bei der Erfüllung von Kundenwünschen und **Mut** bei der Umsetzung der eigenen Serviceideen. Außerdem eine Businesswelt – offline wie online – in der diese Superkräfte überzeugend zur Wirkung kommen können.

Die Kunst besteht nun darin, dass Servicehelden im entscheidenden Moment statt sich selbst in den Vordergrund zu drängen, den Kunden in den Mittelpunkt der Servicestory stellen. Dazu gehört, dass der Mitarbeiter dem Kunden eben nicht beweisen will, dass er selbst das System am allerbesten versteht und der Kunde die falschen Knöpfe gedruckt hat. Dazu gehört, dass der Mitarbeiter geduldig alle Fragen beantworten, auch wenn er manches drei Mal erklären muss. Dazu gehört auch, dass Mitarbeiter Kunden immer freundlich und zugewandt willkommen hei-

ßen. Auch dann, wenn der Schreibtisch überbordet und die Schlange der warten-
den Kunden lang und länger wird.

Auf den ersten Blick hat dieses *Sich-für-den-Kunden-selbst-zurücknehmen-können*
auch etwas mit Altruismus zu tun – aber nur auf den ersten Blick. Letztendlich
dient perfekter Service vor allem immer einem selbst: Wenn der Kunde wiederkommt, kommt auch der Umsatz wieder. Und wenn der Kunde das Unternehmen
weiterempfiehlt, steigt der Umsatz weiter. Service macht – auch betriebswirt-
schaftlich – einen entscheidenden Unterschied. Ich meine: Service macht DEN entscheidenden Unterschied.

Wenn das Anliegen meines Kunden mir näher ist als mein eigenes Geltungsbedürf-
nis, dann kann Serviceglück aufblühen. Nur dann. Erzwingen lässt es sich nicht –
wir können dem Glück aber eine Chance geben. Indem wir Liebe zulassen, indem
wir Liebe leben. Serviceglück ist direkt verbunden mit dem menschlichen Privileg,
Liebe leben und erleben zu können.

Und das ist die Antwort auf das **WARUM.** Weil genau dieses Gefühl
den Unterschied macht – für Kunden *und* Mitarbeiter. Das ist mein Grund, für Service zu brennen. Ich glaube fest daran, dass Empathie entwaffnend ist. Ich bin zu-
tiefst überzeugt, dass eine exzellente Leistung gepaart mit einer herzlichen Begegnungsqualität unser Leben besser und reicher macht. Service macht glücklich!
Dafür stehe ich jeden Tag mit Freude auf.

Ihnen wünsche ich, dass Ihnen heute jemand genau dieses Gefühl schenkt. Als
Kunde, als Mitarbeiter und als Mensch.

QUELLEN

Literatur

Böhme, Gernot: *Ästhetischer Kapitalismus.* Berlin: Suhrkamp 2016

Goffman, Erving: *Wir alle spielen Theater. Die Selbstdarstellung im Alltag.* München: Piper 2013 (OA 1959)

Greifeneder, Rainer; Bless, Herbert: »Gedankenlosigkeit/Mindlessness«. In: Hans-Werner Bierhoff; Dieter Frey (Hrsg.): *Handbuch der Sozialpsychologie und Kommunikationspsychologie.* Göttingen: Hogrefe, 2006. S. 280–286

Han, Byung-Chul: *Duft der Zeit. Ein philosophischer Essay zur Kunst des Verweilens.* Bielefeld: Transcript 2015 (OA 2009)

Hübner, Sabine; Rath, Carsten: *Das beste Anderssein ist Bessersein: Wie Kundenbegeisterung gelingt!* München: Redline 2016

Hübner, Sabine; Rath, Carsten: *Das Leben. Ein bunter Hund. Worauf es wirklich ankommt.* Hamburg: Murmann 2016

Hübner, Sabine: *30 Minuten Kundenservice.* Offenbach: Gabal 2012

Hübner, Sabine; App, Reiner: *Tue dem Kunden Gutes – und rede darüber. Mehr Erfolg durch die richtige Servicekommunikation.* München: Redline 2012

Hübner, Sabine: *Service macht den Unterschied. Wie Kunden glücklich und*

Unternehmen erfolgreich werden. München: Redline 2009

Hübner, Sabine; Münchhausen, Marco von: *Service mit dem inneren Schweinehund.* Frankfurt am Main/New York: Campus 2007

Jullien, François: *Über die Wirksamkeit.* Berlin: Merve, 1999

Levine, Robert: *Eine Landkarte der Zeit. Wie Kulturen mit Zeit umgehen.* München: Piper 2016 (OA 1997)

Pfadenhauer, Michaela: *Professionalität. Eine wissenssoziologische Rekonstruktion institutionalisierter Kompetenzdarstellungskompetenz.* Opladen: Leske + Budrich 2003

Pricken, Mario: *Die Aura des Wertvollen. Produkte entstehen in Unternehmen, Werte im Kopf. 80 Strategien.* Erlangen: Publicis Publishing 2014

Rosa, Hartmut: *Resonanz. Eine Soziologie der Weltbeziehung.* Berlin: Suhrkamp 2016

Roselt, Jens (Hg.): *Seelen mit Methode. Schauspieltheorien vom Barock bis zum postdramatischen Theater.* Berlin: Alexander Verlag 2009

Sennett, Richard: *Handwerk.* Berlin: Berlin Verlag 2009

Safranski, Rüdiger: *Zeit. Was sie mit uns macht und was wir aus ihr machen.* München: Hanser 2015

Schulze, Gerhard: *Die Erlebnisgesellschaft. Kultursoziologie der Gegenwart.* Frankfurt Main/New York: Campus 1992

Seel, Martin: *Ästhetik des Erscheinens.* Frankfurt: Suhrkamp Wissenschaft 2003

Weick, Karl E.; Sutcliffe, Kathleen M.: *Das Unerwartete managen: Wie Unternehmen aus Extremsituationen lernen.* Stuttgart: Klett Cotta 2007

Wittman, Marc: *Gefühlte Zeit. Kleine Psychologie des Zeitempfindens.* München: CH Beck 2015

Wittmann, Marc: *Wenn die Zeit stehen bliebt. Kleine Psychologie der Grenzerfahrungen.* München: CH Beck 2014

Werner, Jürgen: *Tagesrationen: Ein Alphabet des Lebens.* Frankfurt am Main: Tertium Datur 2014

Abbildungen

Seite 21: view7/photocase.de

Seite 31: Facebook Messaging Survey by Nielsen, März 2016

Seite 53: kallejipp/photocase.de

Seite 95: https://beta.welt.de/wirtschaft/article137801892/Deutsche-sind-die-komplizertesten-Kunden-der-Welt.html?wtrid=crossdevice.welt.desktop.vwo.google-referrer.home-spliturl&betaredirect=true

Seite 107: kallejipp/photocase.de

Seite 117: Sabine Hübner (in Anlehnung an Donnabedian)

Seite 171: nina gerlach/photocase.de

Seite 223: tobeys/photocase.de

REGISTER